スバル

ヒコーキ野郎が作ったクルマ

野地秩嘉
Tsuneyoshi Noji

プレジデント社

「そいつ」という愛車――T型フォードとヘンリー・フォードへの弔辞。

もちろんものが何かに形を変えて存在し続けるということは先刻承知している。金属は錆びたり炉で溶かされたりして組成を変えるだろうが、その原子はすべてどこかに残る。だからして私は悲しく「そいつ」のことを思うのだ。（略）

どこかの畑の隅に雑草や黄色カラシナがどこよりもよく茂り、青々としているところがあるかもしれない。もしもそこを掘ってみるなら、根の下から赤い錆が見つかるかもしれない。そして、それが土を肥やし、母なる大地へと帰りつつある「そいつ」かもしれないのだ。

ジョン・スタインベック　1953年

『フォード　自動車王国を築いた一族』ロバート・レイシー

駒場の前田家本邸

井の頭線駒場東大前の駅を降りる。西口改札を出て右へ歩いていくと、「旧前田家本邸、日本近代文学館」と書かれた案内板がある。

案内板からさらに数分歩いていく。住宅街を歩き、突き当たった門をくぐる。すると小道の奥に和風建築の平屋が見えてくる。目を凝らすと、そのまた奥には若草色の屋根の洋館がある。日本家屋（和館）、洋館ともに加賀の前田家の屋敷だ。和館は日本旅館といった風情で、洋館はスコットランドの貴族の邸宅といった風情である。パンフレットには「赤レンガ造りのチューダー様式」と書いてあった。

和館は二階建て、洋館は地上三階、地下一階建てで、両館は渡り廊下でつながっている。

どちらも前田家の住居ではあるが、庶民が暮らすコンパクトなそれではない。往時は両館合わせて召使、女中が一〇〇人以上もいたというから、ちょっとしたリゾートホテルのような施設だ。

旧前田家本邸があるのは目黒区立駒場公園である。広さは四ヘクタール。サッカー場が六面は取れる。松、欅、公孫樹、白樫などの大木がうっそうと生い茂り、都内でも格別、静かなところである。公園中央部の芝生広場には、近所の保育園からやってきた子どもたちの一団がバギーから降りてきて、きゃあきゃあ言いながら走り回っている。子どもたちは広場全体を占拠し、大人たちの侵入を許さない。いつ出かけていっても、平和な風景の公園である。

邸宅の最後の持ち主は加賀百万石の一六代目当主、陸軍大将の前田利為《としなり》だった。利為は戦時中、ボルネオ方面軍司令官として同地に赴任していた間に事故死してしまう。その後、邸宅は人手に渡り、残された家族は転居していった。

敗戦の前年、一九四四年四月には、それまで東京・丸の内の明治生命ビルに本社を置いていた航空機製造会社、中島飛行機が持ち主から土地の一部と和館、洋館を買い取り、本社機能の一部を移したのだった。

同じ年の一一月には東京に対する空襲が激しくなり、中島飛行機は本社社員七五〇人を全員、駒場の前田邸に疎開させている。

中島飛行機とは往時、東洋一の航空機メーカーだった民間会社だ。戦闘機の隼《はやぶさ》、鍾馗《しょうき》、疾風《はやて》は同社が開発したエンジン、機体であり、三菱航空機が作ったゼロ戦も量産した機体数は中島飛行機の方が多い。最盛時は一四七の工場、二六万人の従業員を擁した巨大企業である。

戦後になって解体され再結集してからも航空機開発を続けてはいる。しかし、事業の柱は自動車の製造だ。現在の名称はＳＵＢＡＲＵ《スバル》。スバルとはプレアデス星団のことで、日本では漢字で昴と表現した。

中島飛行機の創業者は海軍で軍用機の設計をしていた中島知久平。一九一七年、三三歳だった知久平は生家のあった群馬県新田郡尾島町の蚕糸小屋に事務所を設け、「飛行機研究所」という素朴な名称の看板を掲げた。その時、彼に従った部下は六人しかいなかった。それから二十余年で同社は前記のような巨大企業に成長している。孫正義が率いるソフトバンクよりもはるかに短期間に、疾走するように成長したのが中島飛行機だった。

社員のひとり、太田繁一は敗戦の日、前田家本邸にあった中島飛行機本社にいた。

大正元（一九一二）年生まれの太田は中島飛行機に入社し、戦後はスバルに勤めている。仕事を離れてからは湘南の一軒家に暮らし、散歩とぶら下がり体操器で健康を支えている。一〇〇歳を超えてからも病気ひとつしたことはなく、頭脳は明晰そのものだ。

太田はあの敗戦の日、八月一五日、何をやって、何を食べたかまでちゃんと覚えている。

「何しろ特別な一日でしたから、忘れようと思っても忘れられません。私たちはさつま芋ばかり食べていた。前田邸にあった中島飛行機本社の庭で作った芋を食べたのです。当時、私は社長秘書でした。しかし、社長は知久平先生ではありません。弟の喜代一《きよかず》さんです。もっとも終戦の頃は第一軍需工廠という国家管理の軍需工場になっていましたから、社長という名称ではありませんでしたけれど……。

丸の内から駒場の前田さんのところに疎開したこともよく覚えています。ふたつの建物のうち、洋館では七五〇人が仕事をして、和館は群馬の太田にあった工場から出張してきた人間が宿泊する場所として使っていました。

そうそう、あそこの庭は芝生でしょう。芝生をはがして芋畑にしたのですが、いい芝生ってのは、はがすだけで大往生でね、芋畑にするには大変な苦労をしたことも覚えています」

あの日、朝から空襲はなかった。アメリカ軍はすでに戦闘を終了していたのである。

ひどく暑かった日の正午、太田をはじめ、社員たちは汗を拭きながら芋畑に直立し、昭和天皇の玉音放送を聞いた。

「堪え難きを堪え、忍び難きを忍び……」

放送が雑音交じりでよく聞こえなかったせいもあったが、感情を爆発させたり、慟哭した社員はひとりもいなかった。大方の社員の反応は「ついにこの日がきたか」といったものである。敗戦の年の夏には日々の空襲に際して、日本の迎撃機が上空へ上がっていく様子は見られなくなっていた。一方的に焼夷弾や爆弾を落とされて、消火活動に力を尽くすしかなかった。戦場はすでに前線ではなく、日本国内だった。そういった事実を体験していると、都市に暮らす国民は誰しも、「負けは決まった」とわかっていたのだろう。

それに太田たちが携わっていたのは軍用機の製造である。軍からの情報も入るし、機体の製造に使う材料が払底していることもよくわかっていた。「このままでうまくいくはずがない」ことは中島飛行機社員なら口に出さなくともよく理解していたのだった。

その頃の主製品は陸軍に納める戦闘機の隼、疾風であり、海軍の戦闘機ゼロ戦（三菱製）にはエンジンを供給し、生産も請け負っていた。他にも月光《げっこう》、彩雲《さいうん》、橘花《きっか》といった軍用機の開発、試作を始めていた。そして、あらゆる軍用機を作る際、使っていた工作機械はほぼアメリカ製だったのである。また、開戦まで、飛行機の燃料になる石油はアメリカからの輸入品だった。

敵国が機械、石油を供給してくれなければ戦闘を続けることはできない。「鬼畜米英」「撃ちてし止《や》まん」と、いくらこぶしを振り上げても、鉄と石油がなければ、石を投げるか槍で突くくらいしかやることはないのだった。軍需工場で働いていれば、末端の従業員でもそれくらいのことは肌で感じる。彼らが玉音放送を聞いても慟哭しなかったのは、負けることはすでに想定していたからだ。

敗戦時、中島知久平がいたのは駒場、前田邸の本社ではなく三鷹にあった別邸、泰山荘（当時の中島飛行機三鷹研究所。現国際基督教大学）だった。体調が悪いからというのが表向きの理由だったが、彼はすでに敗戦後に備えて、別邸でさまざまな準備をしていたのである。

玉音放送の翌々日のこと、政府は内外の陸海軍へ戦闘停止命令をだし、同時に軍需品の製造企業にも生産停止の命令を伝えた。

知久平は素早く動き軍需工廠として国有化されていた同社を民間会社に戻し、富士産業と改称した。社長も喜代一からもうひとりの弟、乙未平《きみへい》に変えた。

「富士産業は平和産業だ」ということをいずれやってくる占領軍にアピールするための改称、組織の変更だった。なお知久平は五人兄弟。弟は四人いて、上から喜代一、門吉、乙未平、忠平。乙未平は下から二番目で、戦前に中島飛行機社長だった喜代一は知久平のすぐ下の弟だ。

なぜ、知久平自身が富士産業の社長に就かなかったかと言えば、同じ一七日に組閣された東久邇宮内閣の軍需大臣として入閣したためである。ただし、軍需省はすぐに廃止され、商工省と改称、知久平はそのまま商工大臣に横滑りした。しかし、今度は東久邇宮内閣がわずか五四日間という短期間に総辞職してしまい、知久平もまた大臣をやめた。そういうことならと、彼は自分が作った富士産業の仕事に乗り出そうとしたのだが、とたんに今度は日本を占領していたGHQからA級戦犯に指定され、公職追放されてしまう。

彼は敗戦の日から暮らしていた泰山荘に戻り、その後、戦犯指定が解除される二年後まで、悠々自適の日々を過ごすしかなかった。戦犯の知久平が逮捕されなかったのは、重度の糖尿病を患っていたためとされている。だが、病気といっても大したことはなく、糖尿病を理由にしていただけともいわれている。

豊田英二がみた敗戦の理由

第二次大戦や昭和史の本を読むと、政治家、経済人、そして軍人でさえも、戦後になったとたん、次のような感想を述べる人物が少なくない。

「アメリカを相手にして最初から勝てるとは思わなかった」

「この戦争の勝敗は始める前からはっきりしていた」

昭和史の本には、そんな感想が載っていて、わたしは当初、「いさぎよくない奴らだな」とか「戦争が終わった後なら、誰でもそんなことは言えるんじゃないか」と疑っていた。ほんとうにそう思っていたのなら、戦争が始まる前に声を大にして、主張していればいいじゃないか。なかには職業軍人でさえも、「勝てない戦争だった」と書いている本だってある。

そうなのか。それほど勝ち目のない戦争になぜ日本は突入したのか。

さまざまな解説があるけれど、どれも要領を得ない。

大方の言説は「軍人、政治家、官僚の無責任」といったことが理由として挙げられている。

わたしはあらためて手を尽くして資料や本を読み、戦争資料館へも足を運んだ。そうして、わかった理由は、次のようなものだ。

戦争を企画した人間、戦争の準備にかかわった人間でさえも、本音は「アメリカとの戦争は勝てない。しかし、最初だけ花火を打ち上げよう。一戦だけでも大勝利すれば、アメリカは必ず矛を収めてくれる」と思っていたようだ。政治家、軍人とも頭の中にあったのは日露戦争と日本海海戦だったのである。日本は決して大戦争や長期戦を志向してはいなかった。しかし、交渉事は相手がいる。日本がいくら講和に持ち込もうとしても、アメリカにはその気はなかった。日本は日露戦争と同じスタイルの「勝利」を狙ったけれど、戦争当時、すでに統治体制がきしんでいたロシアと世界一の強国になっていたアメリカでは生産力、工業力と継戦の意思がまったく違っていたのである。

アメリカは真珠湾を空襲されたくらいで、日本と講話しようなどとは思わなかったのである。当時の国力の違いについて『大国の興亡』（ポール・ケネディ）のなかに一九三八年における工業力指数グラフがある。一九〇〇年のイギリスのそれを一〇〇とした場合、一九三八年の指数は次の通りだ。

アメリカ　五二八
イギリス　一八一
ドイツ　二一四
フランス　七四
ソ連　一五二

イタリア　四六
そして、日本のそれは八八。

アメリカは自国のほうが日本の五倍以上も生産力があるとわかっているのだから負ける気はしなかっただろう。

トヨタ自動車の社長、会長をやった豊田英二は工業力はもちろん、自動車の原材料である鉄の生産量だけでも、日本がアメリカにかなわないことを当時から、日本の財界人はわかっていたと言っている。

「開戦のころ、日本の鉄の生産量は年間六百万トンぐらいだったと思うが、それは米国のわずか二十日分にすぎない。日本はそれしかない量で戦争を始めてしまった。戦争が激化するにつれ、鉄の生産はだんだん減ってきた。

生産量は報道管制で公表されないが、こちらは身にしみてわかる。終戦の年は米国の一日分になってしまった。これでは戦にならない」（『決断』豊田英二）

また、鉄だけでなく、当時の原油生産量の日米比は一対七〇〇だった。

愛知県の田舎でこつこつとトラックを作っていたトヨタの幹部社員でさえ、アメリカの工業生産力、原油生産量などの数字を把握していたのである。日本の軍人、政治家が彼我の力の違いをわかっていないはずはなかった。

つまり、戦争を始めたとはいえ、「アメリカ本土を占領しよう」「アメリカを植民地にしてあいつらに日本語をしゃべらせよう」なんてことは誰の頭のなかにもなかった。好戦的な日本軍人でさえ、「アメリカを無条件降伏させられる」とはまったく思っていなかったのである。

軍配を上げなかった政治家

結局、戦争の目的は一戦か二戦した後の講和だった。

象徴的な言葉が開戦時、連合艦隊司令長官だった山本五十六のそれだ。山本は首相、近衛文麿から日米開戦後の見通しについて聞かれ、こう答えている。

「是非やれと言われれば、初めの半年や一年は、ずいぶん暴れてごらんにいれます。しかし二年、三年となっては、まったく確信は持てません。三国同盟ができたのは致し方ないが、かくなった上は、日米戦争の回避に極力ご努力を願いたいと思います」

話を聞いた陸軍の幹部も表立って反論した人間はいない。なかには「何を言う」と声を荒らげた人間もいただろうけれど、山本がこの発言で何か罰を受けたこともなかった。

山本五十六を筆頭に、少なくない数の軍人は開戦して半年くらいで、政治家に「この辺で止めよう」と軍配を上げてもらうことを期待していたと思われる。

ただ、政治家は軍配を上げなかったし、やろうとしなかった。彼らの脳裏にあったのは五・一五事件（一九三二年）であり二・二六事件（一九三六年）だった。ふたつのテロが政治家、軍幹部に深刻な影響を与えていたのだろう。確かに開戦当初の戦線が拡大している最中、「ここでやめよう」と言い出したら、言った人間は間違いなくテロの標的になった。「国を守る」と口で言うことはたやすいけれど、家族もいる政治家、軍幹部が自分の命を投げ出すことは簡単ではなかったのである。

自分の命を投げ出し、しかも、汚名を着ても国民の命と国家を守る政治家、軍幹部がひとりもいなかったため、戦争はずるずると続き、国力のあるアメリカが自明の勝利を手に入れた。そして、日本を占領し、日本の構造をがらりと変えた。勝ち負けの帰趨を左右するのは、さまざまなレベルの指導力、武器のシステム、そしてそれぞれの側の工業力だ。日本はアメリカに比べると、いずれも劣っていた。だから、負けた。

日本は誰も本来の意味の「勝つ」ことを目的としていなかった。途中で軍配を上げて、講和に持ち込むのが開戦当初からの日本の首脳、軍幹部の目的だった。にもかかわらず、それを口に出すこともできなかったし、やろうともしなかった。

敗戦の年の九月九日、昭和天皇は日光湯元に疎開していた学習院初等科五年生の皇太子にこんな手紙を書いている。

「手紙をありがたう　しつかりした精神をもつて　元気で居ることを聞いて　喜んで居ます　国家は多事であるが　私は丈夫で居るから安心してください　今度のやうな決心をしなければならない事情を早く話せばよかつたけれど　先生とあまりにちがつたことをいふことになるので　ひかへて居つたことをゆるしてくれ　敗因について一言いはしてくれ

我が国人が　あまりに皇国を信じ過ぎて　英米をあなどつたことである

（敗因は）我が軍人は精神に重きをおきすぎて　科学を忘れたことである　明治天皇の時には山県（有朋）大山（巌）山本（権兵衛）等の如き陸海軍の名将があつたが　今度の時は　あたかも第一次世界大戦の独国の如く　軍人がバッコ（跋扈）して大局を考へず　進むを知つて　退くことを知らなかつたからです

戦争をつづければ　三種神器を守ることも出来ず　国民をも殺さなければならなくなつたので涙をのんで　国民の種をのこすべくつとめたのである

穂積太夫（侍従）は常識の高い人であるから　わからない所があつたら　きいてくれ

寒くなるから心体を大切に勉強なさい

九月九日　父より

明仁へ」（『人間　昭和天皇』髙橋紘）

また、昭和天皇は「軍配の上げ方」について側近にこうも漏らしている。

「大山（巌）元帥は日露（戦）役の際、自分の軍配の上げ方を見て呉れと言つたそうだが、卓見

だと思う。今は大山元帥が居ない。戦争はどこで止めるかが大事なことだ」（同書）

昭和天皇自身は敗戦の理由をよくわかっていた。ひとつはアメリカに勝つとはどういう状態かを誰も明確にしなかったこと。もうひとつは始めてしまった戦争を途中で止められなかったこと。戦争状態になってからは「軍配を上げよう」と主張した首脳、軍幹部がいなかったため、結局、最後に戦争を止めたのは昭和天皇だった。

勝負をするのならば目標がなければいけない。そして、的確な時に勝負に挑まなくてはならない。

何も、このふたつは国という大きな組織だけの課題ではない。個々の企業だって、勝負をかける時がある。勝負に向かう前にはっきりとした目標を決めておく必要がある。

では、敗戦で飛行機を作れなくなった中島飛行機、スバルの戦後の目的とは何だったのか、彼らは果たして勝負をかけたのだろうか。

創業から一〇二年の歴史のなかに、その答えはある。

スバル ヒコーキ野郎が作ったクルマ【目次】

プロローグ

第一章

富嶽

中島飛行機は東洋一の航空機メーカーだった。隼、鍾馗、疾風は同社が開発した戦闘機。戦後解体で自動車製造に特化し、現在のスバルとなった。幻の爆撃機と呼ばれる富嶽は創業者、中島知久平が開発したものだった。

第二章

ラビットスクーター

戦後解体で中島飛行機は富士産業と改称。手持ちの材料をつかい鍋や釜を作った。その後バスのボディとスクーターの製造で息を吹き返す。ラビットスクーターというヒットも生まれた。その背景には指揮者の小澤征爾の存在があった。

第三章

スバル360

開発陣が自信をもって作った試作車が「スバル１５００」だった。しかし、メインバンク興銀の反対によりこのクルマは幻に。しかし、その後大ベストセラーカーとなる「スバル３６０」が生まれる。飛行機技術者だからできた秘密は……。

第四章

水平対向エンジン

スバリストの間で極め付きの名車といわれるのが「スバル１０００」。同社の代名詞の一つとなる「水平対向エンジン」が搭載されていた。ところが販売はさえず、工場は日産との提携でサニーを受託生産せざるを得ない状況に。

第五章

四輪駆動

スバルの代名詞となった「四輪駆動」。元々は東北電力の要請で生まれた技術だったが、搭載したレオーネは売れなかった。しかし、アウディクワトロの登場で「４ＷＤ」に注目が集まり、さらにスキーブームという追い風がきて……。

第六章

田島と川合

長らく興銀の支配下にあった富士重工は、ふたりの経営者によって革命が起きた。自動車好きの田島はアメリカへの工場進出を決断。そして利益重視の経営を推し進めたのが川合。現在のスバルの礎を築いたのがこのふたりだった。

第七章

業界の嵐

日本のナンバーツー日産自動車がルノーと提携。マツダはフォードの傘下に入り、トヨタはダイハツを子会社化する。業界再編の嵐にあった富士重工はＧＭと提携。スズキとも手を結ぶ。そして竹中という生え抜きがトップになった。

第八章

アメリカ

社長になった森はふたつの決断をした。ひとつは軽自動車生産からの撤退。そしてアメリカマーケットに向けた自動車開発を始めることだ。結果、レガシィはアメリカ市場でベストセラーカーに。長年の停滞から抜け出す契機になった。

第九章

マリー技師の教え

スバルが創業期から一貫して注力したのが「安全」だった。フランスからやってきたアンドレ・マリー技師が教えた「搭乗者の安全を守る設計」が同社の本質となった。こうした企業哲学が「アイサイト」開発につながっていく……。

第十章

LOVE

ＭａａＳとＣＡＳＥの時代。ガソリンエンジンからＥＶへのシフト、自動運転、ウーバーなどシェアリングの勃興、グーグル、アップルといった異業種参入。変化につぐ変化の業界環境に「スバル」はどういう答えを出したのか。

第十一章

アメリカも変わった

スバルはアメリカで好調を続ける。ふたりのディーラーの社長の証言によれば、アメリカの消費者が変わった、という。流行や見栄のためにクルマを選ぶ時代が終焉し、安全や自身の嗜好に忠実に商品を選ぶ人が増えたというのだ。

第十二章

百瀬晋六の言葉

「すべてを数値化して考えよ」「みんなで考えるんだ。部長も課長もない、担当者まで考えるんだ。考える時はみんな平等だ」「ものを考えるときは強度計算を先にするものじゃあない。先に絵を描け。感じのいい絵は良い品物になる」

長いあとがき

第一章　富嶽

群馬県太田市にあった中島知久平が設立した飛行機研究所。

中島知久平という男

一八八四年、中島知久平は群馬県新田郡尾島村押切に生まれた。尾島村は現在、太田市の一部になっている。

その年は明治維新から一六年、西南の役から七年、歴史の教科書には鹿鳴館時代と書かれている。だが、鹿鳴館で舞踏会が行われていたことを尾島村の住民が知っていたとは思えない。尾島村に暮らす人々の生活は江戸時代と格段に変わっていたわけではなかったからだ。村の生業といえば農業と養蚕であり、絹糸や絹織物を作ることだった。知久平の生家もまた農家で、副業に養蚕と藍の栽培をしていた。

一九〇三年、知久平は上京し、その後、横須賀にあった海軍兵学校の機関科に入学する。陸軍士官学校、海軍兵学校に合格するのは相当な秀才であるだけでなく、身体も頑健でなくてはならない。群馬の尾島村にいた頃から、知久平は近隣に聞こえる秀才でかつ健康そのものだった。彼が入学した年、アメリカのライト兄弟が動力飛行機で空を飛び、すぐにニュースが伝わってきた。おりしも日露戦争の前年である。知久平は飛行機に関心を持ち、そう遠くない将来、飛行機が軍用に使われる機会が来ると直感した。そして、直感したのは、なにも彼だけではない。その六年後には陸軍、海軍、民間の人間が集まって「臨時軍用気球研究会」が組織される。また、日本陸軍の徳川好敏《よしとし》も飛行機に関心を持ち、一九一〇年、操縦技術を学ぶためにフランスへ出発。アンリ・ファルマン飛行学校に入学し、技術をマスターしている。帰国後の同年一二月一九日、代々木練兵場からアンリ・ファルマン機で飛び立った。これが「飛行機」が日本の空を初めて飛んだ瞬間だった。

知久平も同じ年、アメリカを経由してフランスに視察に出かけた。そして渡仏する前に、知久平はアメリカで操縦技術を学び、ライセンスを取得している。

彼も日本で最初に飛行機を飛ばしたかったのだが、徳川の方が一歩早かった。そこで、知久平は飛行機ではなく、飛行船に照準を絞った。フランスから帰国した後の一九一一年、知久平は日本で初めて飛行船の試験飛行に成功している。その後も海軍のなかで着実に航空機の専門家としてのコースを歩んでいった。

中島飛行機創業者、中島知久平。

一九一四年、ボスニア・ヘルツェゴビナの首都、サラエボでオーストリア＝ハンガリーのフランツ・フェルディナント大公夫妻がセルビア人の民族主義者に暗殺されるという事件が起こった。オーストリア＝ハンガリーはすぐにセルビアに宣戦布告する。すると、セルビアの背後にいたロシアは総動員令を出してオーストリアを牽制した。さらにオーストリアと三国同盟（もう一か国はイタリア）を結んでいたドイツはロシア、フランスに対して開戦。イタリアは中立を守ったが、イギリスはロシア、フランス側に立つ。これが第一次世界大戦に至る道筋である。

第一次大戦がそれまでにあった数々の戦争と違った様相を示したのは前線も銃後もない総力戦となったことだ。それまでの戦争はプロの兵士が前線あるいは海の上でぶつかり合う局地的な戦闘だった。また、もっとも距離が長い砲撃でも戦艦からの艦砲射撃だったから、沿岸の住民が被害を受けることはあっても、銃後の都市住民に直接、爆弾が飛んでくることはなかった。それが飛行機が戦争に用いられるようになってから、ルールが変わったのである。爆撃機は戦場に限らず、敵国の都市や工業地帯に対して空襲を行うようになった。

歴史上初めての都市に対する組織的空襲は一九一七年、ドイツ軍がイギリスのロンドンに対して行ったものとされている。

そして、第一次大戦では飛行機だけでなく戦車も登場した。一九一六年のソンムの戦いではイギリス軍が開発したタンク（戦車）が兵器として使用されている。

飛行機、タンクの登場で軍事上の革命が起こったのが第一次大戦だったのである。

大戦中、飛行機の改良、進化は日進月歩の勢いだった。複葉機が主体の時代だったが、当初は偵察機として使われた。すると、すぐに飛行機に乗った乗員がピストルを持って互いに撃ち合うようになり、結果として、機体に機銃が装備されるようになる。同時に爆撃機や雷撃機（航空魚雷で軍艦、商船を攻撃する爆撃機）も開発され、工業地帯への空襲が始まった。巨大な予算を持つ軍が性能を高めていったからまたたく間に飛行機は進歩した。つまり、戦争が機器やシステムを進歩させていったわけであり、その構造は今も変わっていない。

最初は軍用機製造から

飛行機専門家の軍人として第一次大戦の戦況を見守っていた知久平は巨大戦艦よりも、軍用機を開発した方が資源のない日本には向いていると考えた。しかし、大艦巨砲主義に傾いていた海軍本部に若手士官の考えを受け入れる度量はなかった。そこで、知久平は決心する。

「何も海軍にいなくともよい」

在籍したまま航空兵力重視の主張を続けていこうとは思わずに、退官し、民間人となって、自力で飛行機を製造することにしたのである。

退官に際して、先輩、友人に次のような文面の「退職の辞」を送付している。

「欧米の航空機工業はもっぱら民営にゆだねられている。（略）民営航空機工業の確立は国民の義務であり、この発展のために最善の努力を払う」

そうして一九一七年五月、知久平は飛行機研究所を設立した。日本初の民間による航空機製造会社である。従業員は六人。横須賀にあった海軍工廠から四人、小石川にあった陸軍の東京砲兵工廠から一人、そして二番目の弟、門吉が参加した。いずれも技術者で、本人も含むエンジニアが七人集まったベンチャー企業と言えよう。出資者は神戸の肥料問屋主人、石川茂兵衛。

幸運なことに発足してからすぐに陸軍から仕事が来た。航空機の専門家だった陸軍少将、井上幾太郎の好意で、知久平たちは陸軍機の生産に従事することになった。

翌一九一八年に、飛行機研究所は名称を中島飛行機製作所に改称。破産した石川に代わり、日本毛織の社長だった川西清兵衛から資本を得ることができた。大口のスポンサーが交代したという変化はあったが、陸軍から継続的な仕事を受注したこともあって、中島飛行機の業容は拡大し、社員も増えていった。

一般に航空機の製造はまず、試作機を作ることから始まる。

兵器、軍需品を納入するには契約した際に三分の一から二分の一程度の前金をもらうことができた。知久平はそれを試作機の開発費用と会社の運転資金に充てたのである。そして、試作機とは一機を作っておしまいではない。一号機、二号機、三号機と軍が要求する仕様まで仕上げていって「合格」と判断されたら量産に入る。だが、中島飛行機にとって初めての実機製造は簡単ではなかった。一号機から三号機まではいずれも失敗で、飛び立たなかったり、飛んだとしても性能不良だった。やっと成功したのは創立から二年後、機体名は四型六号機である。この試作機の四型は一九一九年一〇月に行われた帝国飛行協会主催の第一回懸賞郵便飛行競技に参加している。競技会は東京から大阪まで無着陸で、八貫目（三十キロ）の郵便物を積んで飛行するというもので、参加したのは国産と海外機を合わせた三機。たったの三機での競争飛行である。それでも中島飛行機の四型は往路が三時間四〇分、帰路が三時間一八分というタイムで優勝してしまった。

優勝という報にもっとも喜んだのは知久平ではなく陸軍だった。陸軍は同機体を二〇機、すでに注文していたので、もし、途中で墜落したり、三機のなかでいちばん最後だったとしたら、契約を見直すといったこともありえただろう。陸軍はほっとした思いだったろうし、知久平もまた胸をなでおろした。

中島飛行機が会社としてやっていけるようになったのは飛行競技会で優勝してからだった。中島飛行機は陸軍機製造のためにさらなる人員を増やしていき、その年の末には三〇〇人の会社になっている。ただ、またしても出資者と知久平の間でトラブルが起こった。出資していた川西清兵衛は知久平と対立し、経営陣から知久平の放逐を図ったのである。

川西は「三日以内に工場を買い取れ。さもなければ社長をやめろ」と高圧的な要求を出す。知久平は奔走し、地元の新田銀行（現群馬銀行）に援助を頼んだ。新田銀行は飛行機事業の将来性を信じて金を出してくれたので、知久平は無事に会社を買い戻すことができた。新田銀行が理解してくれなければ、危うく自分が作ったベンチャー企業から追い出されるところだったのである。

知久平は川西との対立から学んだことがある。これ以降、株式を他人に渡すことに躊躇するようになり、株式の公開もしていない。こういうことは現在のベンチャー企業でも起こる事例ではないか。そのため、敗戦まで中島飛行機は株式公開せず知久平の個人会社としてやっていくことになる。一方、別れた川西は自ら飛行機会社を設立。その会社、川西航空機は二式飛行艇、紫電改などの傑作機を残している。川西という男もまた飛行機製造に執着があったのだろう。

スポンサーや銀行が金を出したのは、この頃の飛行機製造が将来、成長する事業と思われていたからだった。中島、川西だけでなく、軌を一にして、三菱航空機、川崎重工といった飛行機製造会社が創立された。そしていずれの会社も製造しようとしたのは軍用機である。パイロットは少なく、空港は数えるほどしかなく、しかも高価な乗り物だった飛行機は、まだ大衆の旅客や輸送に使うには至っていなかった。それもあって戦前の航空機製造とはすなわち、軍需であり、軍用機の製造だったのである。

ただその頃の日本の航空機製造技術は、まだまだ先進国のそれには及んでいなかった。フランス、ドイツ、イギリス、アメリカは一歩も二歩も先を行っており、日本の会社はエンジンも機体もまだオリジナル機を設計する実力はなかった。知久平が作った飛行機もまた、欧米飛行機のライセンス生産、もしくはその改良版であり、純国産と呼べるものではなかったのである。

エンジンの国産化に挑む

一九二三年、関東大震災が発生した年のこと、中島がライバル視していた三菱が航空機エンジンの初の国産化に成功した。知久平はそのニュースに刺激され、豊多摩郡井荻上井草にエンジンを生産する東京工場を建設、自社生産に取り掛かった。それまで中島飛行機は外国からエンジンを輸入し、機体に取り付けていたのだが、「日本人の手で日本の飛行機を作る」ためにはエンジンの国産化をどうしても実現しなくてはならなかったからだ。

ただ、日本では中島も三菱もエンジンと機体の両方を製造することをごく当然のこととして着手したが、世界的にはエンジン内製はむしろ少数派だったのである。たとえばヨーロッパではエンジンメーカーと機体のメーカーは分かれていた。前者にはロールス・ロイス、ダイムラー、BMWがあり、後者がメッサーシュミット、スーパーマリンといった会社である。現在でもボーイングやエアバスの機体にロールス・ロイスやプラットアンドホイットニーのエンジンが搭載されているのは何もおかしなことではない。日本の航空機産業のひとつの特徴がエンジンと機体の一貫生産にあった。

草創期における中島飛行機や三菱、川崎における機体製造の状況だが、一九二〇年、もっとも多く製造した中島でさえ年間に一七機だった。ひと月に一機もしくは二機という勘定になる。それはひとつひとつの機体を工場に据え付け、図面に合わせて職工が組み立てる手作りの生産方式だったからだ。

据え付け生産の様子はこんな感じになる。まずは設計図に合わせて木製の骨組みを作る。それができたら骨組みの上にジュラルミンの薄い板を張り、上からリベットで打っていく。機体内部には体の小さな職工がもぐりこみ、内側からリベットを固定していく。体の小さな人間でないと、尾部の先端まで入り込むことができないからだ。なかには女性の職工もいて、彼女が内部のリベット留めを担当することも稀ではなかった。翼部分はジュラルミンではなく羽布張りの機体もあった。ジュラルミンは高価な材料だったから全体を覆うとコストが上昇するからだ。そうやって、一機ずつ仕上げていくのだけれど、後年、中島飛行機では生産性を向上するため、ベルトコンベアを使った流れ作業も採用している。

当初は木製の骨組みでスタートした飛行機だったが、一九一四年にできたドイツのユンカースF13以後は全金属製が主流になる。日本では中島飛行機が作った九一式戦闘機（一九三一年　制式採用）がその嚆矢である。

マリーとロバン

昭和に改元された翌年の一九二七年に中島飛行機のその後を決定づけるふたりの技術者がフランスからやってきた。

連れてきたのは乙未平だった。彼はフランスに六年間、留学していたことがあり、その時に勉強していた戦闘機メーカーのニューポール社からアンドレ・マリー、助手のロバンというふたりの技師を招いたのである。

「マリーさんとロバンのふたりが中島飛行機の設計者に伝えたのは人命尊重主義、つまり安全でした」

そう教えてくれたのはスバルの航空機設計部長を務めた若井洋だ。

「日本で本格的な戦闘機開発が始まったのは昭和に入ってからでした。中島飛行機はフランスのニューポール社からトップデザイナーのマリー技師を呼び、一方、三菱、川崎はドイツから技師を招聘し、陸軍、海軍の戦闘機開発を進めたのです。フランスとドイツでは戦闘機の設計思想がやや違います。中島飛行機はフランス風の飛行機設計をするようになりました」

アンドレ・マリーから直接、教わったのは同社のエース技師、小山悌《やすし》だった。小山は東北大学工学部機械科を出て中島飛行機に入社した男で、ゼロ戦を設計した堀越二郎と並ぶ航空機設計の天才と呼ばれた男だった。陸軍の一式戦闘機「隼」、二式戦闘機「鍾馗」、四式戦闘機「疾風」の主務設計担当者は小山だ。小山はフランス語をしゃべることができ、しかも酒が好きだった。時には、マリーとブランデーを飲みながら語りあい、飛行機の開発を進めていった。

マリーが強調したのは「搭乗者の安全を守ること」だった。

——いいか、第一次大戦を考えてみよう。あの時、空中戦で機体が撃ち落とされた主因はパイロットに弾が当たったのではない。燃料タンクに火がついて空中火災になり、墜落したんだ。我々、技術者はパイロットを守るための設計をしなくてはならない。操縦席にも防備が必要だし、また燃料タンクも守らなければならない。操縦席の後ろには分厚い鉄板を入れて保護をする。燃料タンクの外側にも部材を張り付けるんだ。

——飛行機は設計をすればそれで終わりというものではない。操縦したパイロットの意見を聞くことで改良するんだ。たとえ飛行中に撃たれても、また故障があっても、パイロットが生きて帰ってくれさえすれば故障の内容を聞くことができる。そうすれば改良ができ、飛行機はさらに安全になる。だからパイロットを守る。パイロットを守ることがいい飛行機を作ることにつながるんだ。

——鳥を見ろ。飛行機は鳥の真似をして作られたものだ。すべては自然が教えてくれる。鳥の構造を研究するんだ。

いずれも、小山に対して、マリーが教えたことだった。

若井はこう解説する。

「マリー技師は技量のあるパイロットを失うことをもっとも恐れていました。戦闘機の設計、航空機の設計にとって大事なのは安全なんだ、と。その辺がドイツからやって来た技師とはまったく考えが違っていたようです。ドイツの技師からすれば戦闘力、スピードといったものが大事だったのかもしれません。しかし、マリー技師は安全と徹底した運動性が命だと小山さんに教えています。戦闘機に重要なのはこのふたつなんだと言っていたのです」

若井によれば小山こそが「当時の航空機のトレンドを決めた男」だった。そして、トレンドとは低翼単葉の構造である。低翼単葉とはひとつの翼が機体の低い位置にある飛行機のことをいう。それまでの飛行機は複葉で、しかも機体の上部に翼があるのが主流だった。だが、マリーから「ヨーロッパでは低翼単葉機が増えている」と聞いた小山は単葉で翼が機体の下にある構造を設計に採り入れていった。以降、日本でもそのスタイルが戦闘機のトレンドとなる。

「これはね、とてもすごいことなんですよ」。若井は言う。

「小山さんは胴体から翼をとび出させたのではなく、ひとつの翼の上に胴体を載せる構造レイアウトを考えたんです。胴体にふたつの翼を付けると、左右の翼に狂いがあってはいけないから製造に手間がかかります。だが、小山さんは、一枚の翼の上に胴体を載せました。一枚の翼を製造して、その上に胴体を載せる。製造は簡単ですし、しかも、下から撃たれた時、パイロットは比較的安全です。また、不時着した時も翼がありますからパイロットは守られる。また、単葉ですから複葉機よりも軽い。その後、中島飛行機のみならずゼロ戦や他社の戦闘機もこの構造になっていく。日本の飛行機の構造を決めたのがマリー技師と小山さんなんです」

マリー、ロバン、小山は共同で戦闘機NC型を作り上げ、一九二八年のコンペに勝ちぬくことができた。NC型とは前述した全金属製の機体で、後に九一式戦闘機として陸軍に制式採用される。むろん、日本最初の単葉戦闘機だった。

マリー技師を招聘して仕事を進めていた頃まで知久平は中島飛行機の生産体制を掌握していたが、それより後は社業から少し遠ざかるようになった。なぜなら知久平は郷土、群馬県の人たちから背中を押されて政治家にならざるを得なかったからだ。

一九三〇年は浜口雄幸内閣が金解禁を行った年であり、ヨーロッパのドイツではナチス党が総選挙で躍進している。その年、知久平は地元の代議士が急死した後を受けて第17回衆議院選挙に出馬し、衆議院議員となった。中島飛行機はまだまだこれからという時期だったが、政治家としても国に尽くそうと思ったのである。

この時期、事業家としての知久平は軍用機だけでなく、平和な世の中のための旅客機、郵便機の製造なども試みている。彼は自分が作った飛行機を日本人の役に立つものにしたかった。元々彼は日本の空を飛ぶ飛行機を国産にするのが望みだった。片っ端から軍用機を作って軍隊に売り込み、それで大財閥を作ろうと思ったわけではない。

事実、彼はアメリカと戦争することには軍人だった頃から消極的だった。「アメリカが大型爆撃義を量産すれば日本は焼け野原になる」と主張し、開戦論を述べる軍人たちに対しては飛行機の専門家としての立場から批判を繰り返していた。知久平にとって飛行機事業は日本の経済力を強くする産業であり、戦闘機もまた「国土を防衛するだけのため」に開発していたのである。

戦争へ傾斜してゆく日本

彼が政治家になった年の一一月、首相、浜口雄幸は東京駅で右翼の青年、佐郷屋留雄に狙撃され、その結果、翌年、死去する。佐郷屋は「浜口が陛下の統帥権を犯した」と供述したが、そもそも彼は統帥権干犯とはどういう意味なのかわかっていなかったという。

統帥権干犯問題は同じ年、一九三〇年に開かれたロンドン海軍軍縮会議に端を発する。軍縮会議の目的は米英日仏伊の五か国が潜水艦、駆逐艦など補助艦の保有割合を検討し、隻数を減らしていこうというものである。

当初、アメリカ、イギリス対日本の保有比率は一〇対六だったが、日本政府は一〇対七を要求。浜口は一〇対六・九七五まで比率を引き上げ、そこで条約を批准した。ところが、この結果に軍部と野党が「天皇が認めた比率をたとえ少しでも変えたのは大権を侵すものだ」、すなわち統帥権の干犯だと主張したのである。つまりは、言いがかりだ。浜口は条約を帝国議会に諮り、可決した後、昭和天皇から裁可を得てはいた。にもかかわらず、軍部の一部、右翼団体にとっては浜口の行為は許せないほど僭越、傲慢であり、統帥権干犯に値すると考えたのだろう。

浜口は狙撃され、内閣は総辞職する。翌三一年には満州事変が起こった。軍部は暴走し、満州全土の占領へ向かっていく。三二年の五月一五日には海軍の青年将校が官邸で犬養毅首相を殺害する五・一五事件が起こる。政府にはもう暴走する軍部、軍人を留める力はなかった。三三年には国際連盟を脱退、三五年にはドイツでナチスが再軍備を宣言する。三六年には日本とドイツの間で日独防共協定が締結された。

つまり、知久平が議員になった頃から日本では軍部の意見が通り、すでに戦時体制に進んでいたのだった。知久平は元海軍軍人ではあったが、好戦的ではなかった。それでも、はっきりと軍部に対して、意見を言っているわけではない。やはり中島飛行機の経営者としての彼はスポンサーである陸軍、海軍に対しては直言できなかったのだろう。なんといっても、軍部の意見が強まるにつれ、軍用機の需要は増えていくのである。軍が力をつけていくにつれ、中島飛行機は成長する。

知久平はそこのところをどう考えていたのか。

防衛力増強のためと割り切って、部下たちの仕事を見ていたのか、あるいはどこかで、対米英の戦争に持ち込ませることだけはしないと決めていたのか。すでに、この頃から日本は大きな戦争に踏み出して、戻りにくい状況になっていた。満州国の建設、国際連盟からの脱退はその後の対米英戦争に直接、結びつく事件となった。

知久平の人生をたどっていると、日本が戦争に向かっていくなか、彼もまた軍部に対しては影響力がなかったとわかる。そして「ここでやめよう」と意見を述べていた事実はない。彼は経営者としては将来を見通すグランドデザインを持った人間だったし、磊落な男だった。政治家としても政友会の総裁になったくらいだから決して不出来ではなかった。それであっても戦争に大声で反対を主張したわけではない。

ただ、当時、彼のような立場にいた人間はいずれも同じような決断をしていたのだから、彼ひとりを責めることはできない。思えば昭和天皇でさえ、戦争を止めることができたのは、負けるとわかっていた時しかなかったのだから……。昭和天皇が止められなかった戦争をひとりの政治家兼経営者が止めようとしてもそれは無理だろう。そして、厳しいことを言えば、彼はグランドデザインを描けた人物ではあったのだろうけれど、それよりも飛行機が好きで、飛行機のことを考える技術者だった。国家の将来を見通す視野を明確に持っていたとは言えない。

中島飛行機と興銀

二・二六事件があった一九三六年、中島飛行機は前年にアメリカのダグラス社からライセンスを取得していた近代的高速旅客機ダグラスＤＣ‐２の第１号機を完成している。最終的には６機を作ったのだが、この頃まではまだ世界の最新航空機を輸入できたり、あるいはライセンスを取得していたので、日本の航空機製造会社は世界の先端技術を獲得することができた。

飛行機の開発とは天才設計者が独自のアイデアだけで特別なエンジン、機体を開発するわけではない。すでに世の中に出ているアイデアを改良したり、あるいはその途中でひらめいたアイデアを付加していくことだ。世界各国の専門誌や大学の論文なども読みながらアイデアを練っていく。あるいは専門家に会いに行って話を聞く。そうやって設計、試作機を作り、最後に試乗したパイロットに安定性、操作性などの改善点を聞く。共同作業と全方位からの情報収集で成り立っているのが新型飛行機の開発なのである。だから、最新鋭の飛行機のライセンス生産とは当時の飛行機製造会社にとってはとても重要な仕事だった。

中島飛行機はダグラスＤＣ‐２という最新旅客機を製造することで相当の技術を取得することができ、現場の作業者もさまざまなコツをつかむことができた。そして、同じ年から軍部から中島飛行機に対する航空機の発注はますます増えていき、増産が続く。あらたに工場の建設も決まった。

一九三四年　太田新工場完成。旧太田工場は呑竜工場と改称。呑竜とは地元の神社の名前。
この年、ドイツでヒトラーが総統となり、実権を握る。

三八年　武蔵野製作所開設。陸軍機向けエンジン工場。
この年は国家総動員法が公布され、翌三九年の九月には第二次世界大戦が始まる。

三九年　太田製作所分工場として前橋工場開設。日本とソ連の間でノモンハン事件が勃発する。

四〇年　小泉製作所開設。機体生産の工場。日独伊三国同盟が成立する。

四一年　多摩製作所開設。海軍機向けのエンジン工場。三鷹研究所起工。三鷹研究所は日本で最初の民間企業が作った中央研究所といわれている。
日本海軍のハワイ真珠湾攻撃により太平洋戦争が始まる。

四二年　半田製作所開設。海軍機と機体を生産する。伊勢崎第一工場開設。小泉製作所の分工場として建設された。
ミッドウェー海戦。日本は四艦の空母と多くの艦載機を失う。

四三年　大宮製作所開設。海軍機向けエンジン生産。伊勢崎第二工場開設。三島製作所開設。軍機向け機器の生産工場。武蔵野、多摩両製作所を統合して、武蔵製作所とする。

この年、イタリアが無条件降伏する。日本軍はガダルカナル島の守備から撤退。
四四年　宇都宮製作所開設。陸軍機の機体を生産する工場。
　一一月二四日、B29の大編隊が東京を空襲した。

戦争が激化するにつれ、中島飛行機は工場を増やしていき、敗戦の時には一四七という数にまでなっていた。現在、従業員数約三〇万人のトヨタ自動車の生産拠点が国内海外合わせて約八〇か所であるのに比べると、膨大な数字と言える。

中島飛行機が工場を増設する費用は陸軍、海軍から入ってくる飛行機の代金だけでは足りなかった。そこで、不足分を融資したのが日本興業銀行、興銀である。戦後、中島飛行機、そして、後身の富士重工に興銀が大きな影響力を及ぼすことになるのは戦前、戦中に相当な額の金を貸し出したからだ。戦中の一時期、興銀の融資先トップだったのが中島飛行機だったのである。また、興銀は資金を貸し出しただけでなく、工場敷地を探してきたし、従業員の募集までやってくれた。敗戦までの間、興銀は中島飛行機の財務部、企画部、人事部の役割も果たしていたのだった。

飛行機はこう作られる

工場の増設が続いていた一九三七年の一二月、陸軍から新型戦闘機を試作せよという指示があった。

当時、軍用機、軍艦といった兵器は純粋に民間企業が主導して開発したわけではなかった。たとえば軍用機を例にとると、軍が出した仕様にしたがって、二社もしくは三社が設計案を出す。そのなかから選ばれた一案を試作し、飛ばしてみて性能がよければ制式採用となり、量産される。制式とは定められた様式に則ることだ。

知久平はつねづね「うちの会社に大学卒の営業マンはいらん」と言っていたのは同社が作った飛行機は一〇〇パーセント、軍に納入するものだったからだ。飛行機は落ちたら人が死ぬ。価格やサービス、営業努力ではなく、性能だけが評価基準だったのである。

軍からの依頼で開発された中島製九七式戦闘機は性能が思った以上によく、陸軍に制式採用となった。

九七式は全金属製低翼単葉という小山悌が提唱したコンセプトに基づいた機体だったが、ただし、主脚はまだ固定脚だった。固定脚とは飛んでいる間もずっと主脚が外に出ている状態で、機体のなかに主脚を格納する引き込み脚ではないものをいう。主脚がずっと外に出ているから、空気抵抗でスピードは遅くなる。当時、ヨーロッパではメッサーシュミットBf109（ドイツ）、スピットファイア（イギリス）という引き込み脚の戦闘機がすでに実用化され、空を飛んでいた。固定脚はすでに古い技術となっていたのである。そこで、陸軍は中島飛行機に引き込み脚の採用と性能の改良を制式採用の最低条件とするとともに、さらなる新戦闘機の開発を提案した。

陸軍が九七式の次の戦闘機のために提示した仕様は次のようなものである。

最大速度・500km/h
上昇力・高度5,000mに達するまで5分以内
行動半径・800km以上
運動性・九七戦と同等以上
武装・機関銃2挺

引き込み脚を採用

仕様にしたがって開発するチームの主務設計技師は小山悌。彼のチームには戦後、国産ロケットの開発で知られるようになる技師、糸川英夫がいた。

彼らが行う飛行機の開発業務とはおおよそ次のようなものだった。まず九七式戦闘機を頭に置きながら新型の図面を描く。外形だけでなく、翼、尾翼、座席、計器など、ねじやリベットひとつに至るまで、図面に描きこむ。そうして何百枚もの設計図面を作る。各設計図面には必ずどこ

かに新しい技術が反映されたものでなくてはならなかった。主務技師の小山はすべての設計図面に目を通し、納得のいかないところはやり直しさせる。そうして、やっと全部の図面ができあったら、それを元に一〇分の一の風洞実験用モデルを製作する。モデルができたらそれを風洞内に吊るして観察し、問題を見つけ、手直ししてから設計図を描き直す。直した設計図ができたら、それを元にベニヤ板で実物大の模型を作る。

実物大模型で配線、装備品の位置などを確認し、すべての装備を格納できるように位置を決めたら、今度は試作機の設計図に取り掛かる。

描いては直し、直しては描く。飛行機の開発とは設計図を何百枚何千枚も描くという地味な作業なのである。ただし、いまではパソコンがあるから、当時に比べれば楽な作業にはなっている。

試作機が完成したからといって、すぐに発注者（軍）を呼んで、お披露目するわけではない。社内パイロットが実際に飛ばしてみて、不具合があるかどうかをチェックする。この場合、整備されていなかったり、致命的な故障があったりしたら、機体は墜落してしまい、最悪の場合、試乗パイロットは殉職してしまう。このように試作機の操縦はリスクが大きかったから、各社とも、もっともベテランのパイロットが試乗することになっていた。そうして、試乗と手直しが済んだら、軍の試験に臨む。軍の試験は軍のパイロットが操縦する。何度か試験を繰り返し、その後も手直しを行い、新型機の性能が仕様に合うものとわかれば制式採用になり、量産、運用となる。

糸川英夫の「逆転の発想」

糸川英夫は戦後になってから、飛行機設計とは何か、設計を左右するのはどういった点かを問われると、次のように語った。

「(私は) 飛行機屋だったこともあるから、飛行機を設計する場合には (数学を) 使ったろうといわれるが、飛行機設計の良し悪しは数学ではない。設計の良し悪しは、その飛行機に乗るパイロットに好まれるか否かがポイントだ。パイロットに嫌われる飛行機などはいくら作っても、誰も乗ってくれない。いったいパイロットたちはどんな飛行機を操縦したいと思っているのか。それを見つけるのが設計の極意で、数学などをこねくり回していても立派な飛行機はできない」(『逆転の発想』糸川英夫)

糸川は実際にパイロットや航空学校の学生に会いに行って、「どんな飛行機に乗りたいか」を取材した。現役パイロットではなく、航空学校の生徒にしたのは、彼らが未来の客になるからだ。新型飛行機の開発は二年がかりだ。現役パイロットよりも、むしろ、二年後に現役パイロットになる人間の考えを聞いた方が設計・開発の参考になるのである。

航空学校の学生たちは糸川たち技師が想像していたこととはまったく違う感想を教えてくれ

た。糸川たちは、パイロットが好む飛行機とはスピードがあり、機銃が多く装備されている戦闘力のある飛行機だと思っていた。しかし、直接、話を聞いてみると、パイロットがもっとも大切にしているのは戦闘力よりも、むしろ操縦性、旋回性能だったのである。彼らは自分の手足のように動かせる飛行機が欲しかった。彼らはとにかく安定性のある機体に乗っていれば安心だったのだ。また、操縦性、旋回性能に優れていれば、素早く敵機の後ろに付いて機銃を撃つことができる。あるいは敵の追尾からさっと離脱することができる。戦闘はスピード競争ではないから、速ければそれでいいわけではない。戦闘能力とは機銃の口径の大きさやスピードではなく、武器である飛行機を手足のように使いこなせる操縦性だった。つまり、パイロットが乗りたい戦闘機とはバランスのとれた軽快な機体だったのである。相手に勝てるというよりも、そういった機体だと撃ち落とされないですむからだ。

地道で気が遠くなるような繰り返しの作業を経て、小山、糸川が九七式の次に完成させたのが一式戦闘機「隼」である。一式とは制式採用された一九四一年が神武天皇が生まれた年から始まる暦年、「皇紀」に換算すると二六〇一年にあたるからだ。そして、当時、日本の軍用機は皇紀の下二けたを名称に付けていたのである。隼は一式、前年に採用されたゼロ戦はゼロ式艦上戦闘機だった。

隼は戦前の日本陸軍が開発したなかでもっとも評価の高かった主力戦闘機である。敗戦までに五七五一機が生産され、中島飛行機の看板ともなったベストセラー機だった。隼は旋回能力、運動性に優れた、まさに、パイロットが好む戦闘機だったのである。そして、パイロットが隼を評価したのは操作性もさることながら、「この機なら守ってもらえる」と感じたことにあった。防弾鋼板が搭乗者の背中側にもついていたし、燃料タンクに火が付かないようにタンク外側に天然ゴムを張りつけてあった。フランス人技師マリーが小山に教えた「搭乗者を守れ」という設計思想に裏打ちされた戦闘機だったのである。

隼がよく比べられる海軍の主力戦闘機といえば、一万四三〇機を量産したゼロ戦だろう。主務設計者は宮崎駿の映画『風立ちぬ』のモデルにもなった三菱重工の堀越二郎。ただし、量産されたうちの半数以上は中島飛行機でライセンス生産されたものだ。

ゼロ戦の特徴は軽量化による運動性能の高さである。加えて、20ミリ機銃二門、7・7ミリ機銃二門という重武装（隼は12・7ミリ二門だけ）、そして航続距離の長さだった。隼も航続距離の長さでは定評があったけれど、ゼロ戦はそれよりもさらに三五〇キロ近くも長く飛べる戦闘機だった。ただし、パイロットを守るという点では隼の方が上だった。当初のゼロ戦の機体には防弾の燃料タンク、搭乗者用の防弾鋼板などが装備されていなかったため、アメリカの戦闘機はゼロ戦との空中戦になると、そこを狙った。

堀越は開発時に防弾を施さなかったことについては「優先順位の問題」と言っている。戦闘能力に力を入れたこと、そして、海軍から防弾についての「指摘はなかった」としている。だが、それよりも三菱には「とにかく搭乗者を守れ」という技術・思想が根づいていなかったのだろう。

だから堀越は防弾装備を施さなかった。

隼は映画になったこともあったし、軍歌のテーマにもなった。戦後までゼロ戦と並んで大衆にも名称を知られた戦闘機だった。そして、中島飛行機という会社の名前を軍部だけでなく、一般の人々の頭に刻み付けたのが一式戦闘機、隼だったのである。

空戦と空襲の戦争

日本が戦争にのめり込んでいった直接のきっかけは一九三七年七月に起こった盧溝橋事件である。北京の西南にある盧溝橋で日本軍と中国軍が小競り合いを始め、これを口実にして日本政府は華北へ派兵した。九月には第二次国共合作が成立し、国民党と共産党は日本に対して徹底抗戦を決めた。国民党の蒋介石は首都を南京から漢口、漢口から重慶へと移し、日本の進軍に備えたのだが、それに対して日本の陸海軍は共同して内陸の都市、重慶に対して航空機による爆撃を行った。重慶爆撃は翌一九三八年一二月から続いた。

空爆に用いられた軍用機は三菱重工が設計し、中島飛行機も量産に加わった九七式重爆撃機（陸軍機）、九六式陸上攻撃機（海軍機）である。重慶に対する爆撃は前年にナチスドイツがスペインのゲルニカに対して行った無差別爆撃と同じ都市に対する戦略爆撃だった。

ゲルニカと重慶への無差別爆撃が始まってから戦争の様相はがらりと変わった。航空機は空中戦、工業施設への爆撃だけでなく、都市への空襲にも使われるようになった。戦争において銃後という場所がなくなったわけだ。そして、日本が重慶を爆撃したことだけがきっかけとは言わないが、その後、アメリカはその事実を利用して、東京、名古屋などに空襲を繰り返し、広島、長崎へ原爆を投下する。原爆の使用もまた航空機がなければできないことだった。つまり、第二次大戦とは都市への空襲が戦争の勝敗を決めた戦いだったのである。

ヨーロッパでも事態は同様だった。ドイツはどこの国よりも早く都市への空襲を行った。ナチスドイツの戦いが始まったのは一九三九年九月。ドイツ軍はまずポーランドに侵攻する。イギリスとフランスはドイツに宣戦を布告。だが、当初はドイツ軍が優勢だった。翌年五月、ドイツ軍はベルギー、オランダを屈服させ、英仏軍を北フランスのダンケルクに追い落とす。そのままドイツの機甲部隊はパリに進軍して、フランスを降伏させ、ヒトラーはすぐにイギリスへの空爆を開始した。バトル・オブ・ブリテンと呼ばれたドイツとイギリスの航空戦は一九四〇年七月からほぼ一年間、続いたのだが、イギリスへの空襲が行われたのはその時だった。

当初、ドイツ空軍が爆撃したのはドーバー海峡近くの港湾、輸送船で、その後、ロンドンへの空襲が始まる。爆撃機はドルニエ Do 17、ドルニエ Do 215、ハインケル He111、ユンカース Ju 87 などで、護衛する戦闘機はメッサーシュミット Bf 109、メッサーシュミット Bf 110 などだった。

一方、イギリスはすでにレーダーを開発しており、レーダー網による防御体制を確立していた。

やってくるドイツ空軍の軍用機に対してはスーパーマリン・スピットファイア、ホーカー・ハリケーン、ブリストル・ボーファイターといった戦闘機が迎撃にあたった。

史上最大の航空戦、バトル・オブ・ブリテンは長期にわたったけれど、結局、ドイツはイギリスを屈服させることができなかった。そのため、ヒトラーはイギリスを降伏させることをあきらめ、独ソ戦に取り掛かる。ただ、バトル・オブ・ブリテンの一年間で戦闘機、爆撃機の性能は飛躍的に高まった。

中島知久平の先見

日露戦争あるいは第一次世界大戦までの戦争は両軍が陸地あるいは海で相まみえて戦闘し、その結果、勝った方が相手国との和平交渉で有利になるというのが戦争の様式だった。いわば、プロたちが限定された地域で戦闘を繰り返すことが戦争だった。近隣の住民以外の一般国民は直接の被害は受けなかったのである。

ところが、第二次大戦は違った。飛行機が第一次大戦時より劇的に進歩して人が住む地域へ空襲できるようになったため、都市がそのまま戦場になったのである。都市に住む住民を殺害し、住居を奪い、かつ工業施設、発電所、鉄道、港湾設備などを破壊することで、生活自体を困窮させることが戦闘行為となった。そうして、継戦の意志を喪失させ、和平交渉の場に引きずり出して、降伏させる。飛行機という兵器が都市への空爆を可能にしたため、戦場と銃後の区別がなくなり、それまでの戦争とはまるっきりルールが変わり、勝利か無条件降伏かという戦争になった。日本の首脳たちが内心、希望を持っていた、陸上あるいは洋上で一大決戦をして和平に持ち込むという図式は飛行機の発達により、実現不可能な戦略となっていたのである。生産力があり、飛行機を大量に作ることができる国は艦隊同士の決戦などしなくとも、相手国を空襲し尽くせば、相手は無条件降伏せざるを得ない。

ただ、都市への空襲の効果を上げるには大型爆撃機の大編隊が必要だった。重慶爆撃、バトル・オブ・ブリテンともに都市に対する戦略爆撃ではあったが、どちらも一年以上、続いたにもかかわらず相手を屈服させることはできなかった。それはドイツ、日本の爆撃機が後に登場するアメリカの超大型爆撃機B29ほどの破壊力を持たなかったからだ。

第二次世界大戦の勝敗の帰趨を決したのは航空戦であり、しかも、空爆である。そして、空爆の主役は超大型爆撃機だった。つまり、あの大戦の主役は戦艦大和でも武蔵でもなく、ゼロ戦でも隼でもなかった。B29という超大型爆撃機だったのである。同機の開発が始まったのは一九三九年。日本と戦争を始める前だった。

B29は九トンもの爆弾を載せ、九七二〇メートルの高度を飛べる飛行機だった。ゼロ戦や隼がB29を撃ち落とそうとしても、七〇〇〇メートルくらいまでしか上昇することができなかったたから、いくら銃撃しても弾がB29まで届かなかったのである。

それに、B29の機内は与圧されていた。高空を飛んでも地上一〇〇〇メートルと同じ空気圧で乗員が一五時間も乗っていることができた。気密され、エアコンも完備されていたから、乗員は与圧服も防寒具もいらなかった。日本の上空で故障したB29が墜落したことがあり、死亡したアメリカ軍人は半そでシャツを着ていた。それを見た日本の軍人が「アメリカは金がないから防寒の洋服も作れないのか」と侮ったが、エアコン完備だから防寒服を着る必要がなかったのである。

彼らはすでに旅客機のような高空を飛ぶ技術を開発して、それをB29に応用していた。

空を飛ぶ技術にもさまざまなものがある。中島飛行機をはじめ、三菱も川崎も一人乗り、二人乗りの戦闘機については世界の最先端を行く技術を持っていたけれど、超大型飛行機の実用化技術を持っていたわけではなかった。

令和の現在でも戦争の物語で語られる第二次大戦中の名機とはゼロ戦、隼、スピットファイア、グラマンといった戦闘機だ。だが、彼らは空中戦の主役ではあったが、国と国との戦争では主役の兵器ではなかった。空中戦はいくつもあったし、撃墜王たちは大活躍した。けれども、勝敗を分けたのは超大型爆撃機であり、しかもそれを何機、持っていたか、だったのである。

彼らは戦争をやる以上、勝利とは日本を占領することだと思っていたし、そのためには「日本を原始時代に戻す」とも決めていた。原始時代に戻すためには数多くのB29が必要だった。

一方、日本はアメリカを占領しようなんてことはつゆほども思っていない。アメリカ本土への爆撃を計画したこともなかった。せいぜい風船爆弾を風に乗せて飛ばした程度だ。日本が第二次大戦で守ろうとしたのは日本の領土とその周辺領域である。加えて石油、鉄鉱石を常時、入手できるように東南アジアを勢力範囲とすることで、それ以上のことは考えていなかった。

もし、日本が本気でアメリカ本土攻撃を考えていたのならば、ゼロ戦や隼だけでなく、航続距離の長い超大型爆撃機を設計、開発していなくてはならなかったが、そういう事実はない。航空戦に対する考え方ですでに日本は負けていたのである。

ただし、中島知久平だけは違った。彼だけは大型爆撃機の必要性に気づき、開発しようとした。しかし、すでに遅かった。日本の工業力が低下してからでは高性能の軍用機を生産することができなかったし、優秀なパイロットは戦死していた。アメリカと同じように開戦前から大型爆撃機を作ろうとしていたら、あるいは戦争の帰趨は少しは異なっていたかもしれない……。

結局、日本は新しい形の戦争だと思わず、前の戦争のルールのまま、開戦してしまった。アメリカのように最初から相手を打ちのめしてやると準備した国と、一撃する戦法しか持っていなかった国とではそもそも意思が違っていたのである。

飛ばなかった特攻機

開戦してから、中島飛行機は次々と飛行機を開発し、実用化していった。

一九四一年、中島飛行機は百式重爆撃機「呑龍《どんりゅう》」を陸軍に納める。

翌四二年には陸軍向けに二式戦闘機「鍾馗」、海軍向けに二式陸上偵察機、二式水上戦闘機を開発、制式採用になる。

四三年には海軍向けの二機、艦上攻撃機「天山」、夜間戦闘機「月光」。

四四年、艦上偵察機「彩雲」(海軍)、四式戦闘機「疾風」(陸軍)、四発陸上攻撃機「連山」の試作を完成。

敗戦の年、四五年には特殊攻撃機「剣《つるぎ》」(陸軍)、特殊攻撃機でジェットエンジンの「橘花」(海軍)をそれぞれ試作している。

このなかで「剣」は特殊攻撃機となっている。特殊攻撃機とはいわゆる特攻機のことだ。敵の空母を使えなくするために体当たり攻撃をせよというのが特攻の目的で、「生きて帰ってくるな」「燃料は片道だけでいい」といった命令自体があったわけではない。しかし、通常よりも重い爆装をして、飛んでいくわけだから、よろよろしていて空母からの弾にも当たりやすい。不時着して救助してもらう以外、生き残る道はないのが特殊攻撃機だ。結果的には大勢の兵士の命を奪う作戦が特攻作戦だったのである。

特攻に使われたのはあらゆる種類の軍用機で、末期には布張りの練習機までが特攻用に使われた。しかし、大半のそれは目標に至る前にアメリカ軍機に撃墜されるか、対空砲火で撃ち落とされた。それでも特攻出撃機の約一一パーセントが米英艦船に体当たりしている。特攻に使われた機数は陸海軍合わせて三六〇〇機とされている。また亡くなったパイロットの人数は陸海軍合わせて三九五七人。ほとんどが一〇代後半、二〇代の若者だった。なお、第二次大戦を通して、戦死または戦病死した日本の兵士の数は二三〇万人、空襲などで亡くなった一般人は八〇万人。合わせて三一〇万人が亡くなっている。

ゼロ戦特攻隊から生き残り、戦後、警察官、刑事となった大舘和夫は特攻体験についてこう語っている。

「ゼロ戦の特攻出撃には爆装と直掩《ちょくえん》の二通りあった。爆装機は二百五十キロか五百キロの爆弾を吊下《ちょうか》して米英の艦船に体当たりする。直掩機は、爆装機を敵戦闘機から守るとともに上空から戦果を見とどけ、帰還して報告する役割を担っていた」(『ゼロ戦特攻隊から刑事へ』西嶋大美、太田茂)

直掩機に乗っていても、ずっとそのままというわけではなく、次の乗務は爆装機ということもあった。また、末期になると直掩機なしで特攻に臨むこともあり、全機爆装しての特攻の場合、隊員たちは「丸裸で死ぬんだ」と感じた。

「出撃のたびに仲間が減っていった。帰ったとき、『おー、残ったか』があいさつ代わりになった。先に逝った仲間に線香をあげて酒を飲み、さあ明日は我が身だと毎晩思う。こういう生活をしていると、かえって淡々としてくるから不思議だった。だんだん生きることと死ぬことが同じに感じる不思議な感覚になった。生死の境目がわからなくなるのだ。生きることは死ぬことで、死ぬことが生きることだと。そして生死そのものにあまりこだわらなくなってしまう。あのような日々を送ると、人間の命とはどういうものか、十八歳でもある程度わかるようになる」(同書)

こうして一〇代の若者たちが死んでいった。

戦争末期、自分が設計した隼やそのほかの戦闘機が特攻に使われていることを小山をはじめとする技術者たちはわかっていた。軍からの命令だからやらざるを得ない。しかし、「搭乗者の安全」を信じてきた設計者が搭乗者を死なせる飛行機を作る。それは相当な負担だった。戦後、ゼロ戦の堀越二郎はＹＳ11の開発など、復活した航空業界で活躍した。しかし、小山は岩手県に移住し、林業の研究、チェーンソーの開発などに尽くし、航空機の設計からは遠ざかった。ある時、出版社から戦闘機に関する本の執筆を頼まれたけれど、彼は断り、次のように答えている。

「われわれが設計した飛行機で亡くなった方もたくさんあることを思うと、いまさらキ27(九七式戦闘機)がよかったとかキ84(疾風)がどうだったと書く気になれません」

ただ、特攻機の剣、橘花ともに実際の運用はしていない。試作、開発をする前に戦争が終わったためだ。小山の心がほんの少し安らぐとすれば、特攻だけを目的とした機体の設計はしたものの、それが空を飛ぶことなしに終わったことではなかったか。

飛行機設計者の夢とは自分の開発した機体がパイロットとともに空を翔けることだ。だが、剣、橘花にかぎっては小山は人が乗って空に飛ぶことを願っていなかった。

開戦から四年が経ち、連日のように空襲を受けていた日本国民はもはやアメリカに勝つなんてことは考えられなかったろう。彼らの思いは「この戦争はいつ終わるのか」「どうやって終わるのか」そして、何よりも「私たちはどうしてこんな戦争を始めてしまったのだろうか」ということだった。

超大型爆撃機「富嶽」

中島飛行機が製造した飛行機のうち、創業期の頃のそれは知久平の考えが形になったものだった。その後、マリー技師がやってきてからはフランス、ニューポール社の影響を受けたものに変わる。そして、初めて陸軍に制式採用された高翼単葉の九一式戦闘機からは小山がエース設計者となり、彼のアイデアが全体を引っ張っている。つまり、知久平が発想したのは創業当初だけで、その後は陸軍、海軍が仕様を決め、それに対して小山たち技術者が出した回答が中島飛行機製の戦闘機であり、爆撃機だった。

だが、大戦末期に開発を始めたある一機だけは知久平が主唱したものだ。実際に空を飛ぶことはなかったが、知久平が「これを作る」と声を上げたもので、コードネームは「Z機」。後に富嶽と名づけられた超大型戦略爆撃機である。

日本軍がガダルカナル島から撤退し、イタリアが連合軍に無条件降伏した一九四三年、知久平は『必勝戦策』と題した論文を執筆し、東条英機首相と軍の幹部たちに献策した。

『必勝戦策』の主旨は次のようなものである。

「アメリカの工業力にもはや精神力だけでは到底、対抗できない。

時を経ずにアメリカから大型爆撃機が飛来して、本土を空襲、日本は焦土化する。その前に大型爆撃機を設計し、アメリカ本土へ飛ばし、アメリカから旅立ってくる飛行機の飛行場を破壊する必要がある」

アメリカ軍が初の日本本土空襲を行ったのは一九四二年四月。空母からの発進だった。そして、本格的な戦略爆撃は四四年から始まる。飛行場はアメリカ軍が占領していたグアム島などマリアナ諸島である。B29のような超大型爆撃機は空母からは発着できないので、どうしても陸上の航空基地が必要だった。知久平の論文にはそういった点が欠落していた。知久平の目的はたったひとつ。それは「アメリカ本土を空襲する」ことだった。

彼は航続距離が非常に長い、どこまでも飛んでいける飛行機を想像していた。頭のなかにあった超大型爆撃機「富嶽」はアメリカ本土を爆撃し、そのまま大西洋を横断、ドイツに着陸し、補給を受けてからもう一度、アメリカを爆撃して、再び日本に戻ってくる飛行機だったのである。あるいはドイツを飛び立った後、ソ連を空襲し、日本に戻るというルートも想定していた。壮大ではあるのだけれど、当時の技術力では実用化は不可能だったろう。仮に着手したとしても、その頃の日本は疲弊していて超大型爆撃機を作るだけのジュラルミンや航空燃料を入手することはできなかった。

飛ぶはずのない飛行機

彼の構想による仕様を見てみる。

全長四五メートル（ボーイング787は六〇メートル）
航続距離一万九四〇〇キロメートル（太平洋の空路はおよそ一万キロメートル）
爆弾搭載量二〇トン（B29の二・二倍）
六発エンジン

知久平はこの飛行機を四〇〇機、生産するべきと主張した。そのためにはゼロ戦、隼など小型飛行機の生産を減らし、かつ、戦艦、巡洋艦などをすべてスクラップし、全力を挙げて富嶽の生産に集中するべしとぶち上げた。

そうして、富嶽という強力な大型爆撃機でアメリカ本土を一撃し、アメリカ国民の厭戦気分を高めて、講和に持ち込もうというものだった。

富嶽は一度は陸海軍が共同して開発することが決まる。中島飛行機の三鷹研究所内に組み立て工場の建設も開始された。ただし、陸海軍の幹部の指示により、エンジンの出力は下げられ、爆弾搭載量も二〇トンから一五トンに減らされた。

研究に着手してから、開発スタッフはすぐにさまざまな壁につき当たった。まず高空を飛ぶためには機体のなかに与圧キャビンを作らなければならない。次に機体に見合う外径が一メートルを超える航空用タイヤを開発しなければならない。さらに、巨大タイヤを引き込み脚にする工夫とその製造法も考えなくてはならなかった。高空を飛ぶことと、機体をスケールアップすることだけでいくつもの課題を克服しなければならなかったのである。

大型飛行機の製造は航空会社に技術力があるだけではできない。タイヤ、ガラス、ゴムといった基礎技術と生産技術、与圧室設計、機体材質の開発など、その国の工業力が反映される。たとえば自動車一台の部品数はおよそ三万とよばれている。そして、ジェット旅客機に至っては三〇〇万点もの部品が必要だ。三〇〇万点の部品を作る裾野の産業が育っていなければ大型飛行機を作ることはできない。

アメリカには大企業、中小企業を問わず、さまざまな分野に技術者がいた。巨大タイヤでも、開発を依頼しさえすれば調達することができたのである。しかし、日本には幅広いジャンルで生産技術を持つ会社群が存在していなかった。そのため、すべてを中島飛行機が内製しなければならない。三鷹の工場のなかで、何から何まで手作りしていたので、開発は遅々として進まなかった。つまり、どう考えても、四〇〇機の富嶽を生産するなんてことは夢想だった。隼、ゼロ戦といった小型の戦闘機ならば日本人の努力と熱意と工夫でなんとか作ることができたけれど、富嶽は最初から、「飛ぶはずのない飛行機」だったのである。

壁に当たったまま富嶽の開発作業は続いてはいたものの、一九四四年七月、マリアナ沖海戦に負け、サイパン島が玉砕したことで、富嶽を支援してきた東条英機は首相を辞職する。すると、一緒に作業していた軍幹部から「本土防空戦のための戦闘機開発を優先する」と言い渡され、富嶽の開発は中止されてしまう。結局、試作機も製作されずに終わった。

この時、知久平はどうして、日本の工業力では実現不可能と思われる富嶽を四〇〇機も作ろうと提案したのか。彼は四〇〇機でアメリカ本土を空襲すれば勝てると思ったわけではなかった。日本がずるずると負けている時期に、相手に大きなショックを与えればそれがひょっとしたら和平交渉の契機になるかもしれないと考えたのだろう。真珠湾攻撃、マレー半島、シンガポール攻略など、日本軍の威勢がいいうちに「和平交渉をしよう」と言ったとしても、国内世論は納得しない。しかし、戦局が有利に運ばなくなり、庶民の心に不安が兆し始めた時こそ、和平を言い出す機会だと彼は思った。ただし、一方で勝ちに転じたアメリカの政治家、国民はなかなか講和には納得しないだろう。そこで、アメリカ本土に大きなショックを与えることがどうしても必要ではないか……。「日本にはまだ力がある」ことをアメリカに気づかせるには超大型爆撃機が四〇〇機、なくてはならない……。

ここまでの考え方は間違ってはいない。知久平は行動力のある男だったから、東条英機という強い味方を作ることもできた。しかし、問題は開発だった。総合的な技術力がなく、時間がかかるうちに、ずるずると負け戦が続く。そうして、日本は乾坤一擲の計画を実施することができないまま、敗戦に向かって突き進んでいった。

昭和天皇のB29

かつて中島飛行機が工場を置いていた武蔵野市のホームページには今なお、次のような文章が載っている。

「第二次世界大戦当時、現在の武蔵野中央公園付近には、ゼロ戦のエンジンなどを製造する中島飛行機武蔵製作所という軍需工場がありました。この工場は米軍の攻撃目標となり、昭和一九

（一九四四）年一一月二四日から合計9回にわたる空襲を受け、工場関係者をはじめ、周辺住民も多数犠牲となりました。市では、戦争や空襲の悲惨さを継承するため、武蔵野の空襲などに関係する箇所に、平和案内説明板を設置しています。」

ここにあるように、日本が劣勢になり、戦略爆撃が本格化すると、中島飛行機、三菱重工といった軍需工場はアメリカ軍の空爆目標となった。武蔵野市ホームページにある四四年の空襲はB29が数十機以上の大編隊で爆撃した初めてのケースであり、このときから翌年八月一五日の敗戦まで、日本の軍需工場、大都市はB29の標的となった。なお、アメリカ軍は高性能、超大型のスーパーフォートレス（B29）を対日戦にしか使っていない。ドイツへの空襲よりも、日本の都市へのそれが一般に大きな被害を与えたのはB29の威力が他の爆撃機よりも格段に大きかったからである。また、東京大空襲に見られるようにアメリカ軍は一般市民が暮らす東京の下町にも爆裂弾、焼夷弾を投下している。本来、無差別爆撃は戦時法違反なのだけれど、彼らは彼らなりの理屈をつけた。「日本の軍需工場は町工場として都市のなかに点在する」から、当然、爆撃の対象になる。それが彼らの考え方であり、主張だった。

話を戻すと、中島飛行機武蔵製作所に対する空襲では死者二二〇人、重軽傷者は数千人に上っている。武蔵製作所の建物は壊滅し、工場関係者は疎開することとなった。翌四五年二月には群馬県の太田製作所も三回にわたって空襲を受け、死者一〇一人、重軽傷者は数百人にも上った。ふたつの工場に限らず、小泉工場、伊勢崎工場にもB29はやってきた。中島飛行機は工場を近所の学校や倉庫などに疎開させ、生産を続けようとしたが、日本本土への空襲が頻発するにつれ、ジュラルミンをはじめとする飛行機部材もなくなり、事実上、生産は止まり、破壊された飛行機の補修が主な仕事になってしまう。

敗戦の当日まで続いた本土への空襲では全国二〇〇以上の都市が被災した。三月一〇日の東京大空襲だけで死者一〇万人、罹災者は一〇〇万人。全国では被災人口が九七〇万人、被災家屋は全国の戸数の約二割にあたる約二二三万戸だった。

B29に対する防空は都市部からの疎開、防空訓練、灯火管制、防空レーダーの装備といったものしかなかった。積極的に撃ち落とそうとするならば高度一万メートルを射程とする高射砲がいる。または迎撃のための戦闘機が飛び立っていくしかない。高射砲は都市部全体にあるわけではなく、B29が高い高度を保っている時はまったく当たらなかった。そこで、ゼロ戦、疾風といった戦闘機が舞い上がっていくのだが、一万メートルまで上がっていくと気圧が下がり、酸素が少なくなる。エンジンが回らなくなるから空気を強制的に送る過給機（スーパーチャージャー）を備えていなくてはならないし、パイロットにも与圧された飛行服がいる。さらに、上官から、「撃ち落としてこい」と命令されても、一万メートルを飛んだことのない人間に空中戦ができるはずもない。そして、根本的な理由になるが、ガソリンの質が劣悪だった。飛行機の性能を最大限に引き出すには航空機用ガソリン（レシプロエンジンの場合。ジェット機の場合はジェット燃料）の質がいいものでなくてはならなかった。しかし、敗戦間際になってくると、まさに「石油の一滴は血の一滴」だったし、それも上質のものはなかった。理論上は一万メートルまでなんとか上昇できる機体であっても、せいぜい七〇〇〇メートルくらいまでしか飛行できなかった。そういったこともあり、日本の戦闘機がＢ29を撃墜しようと思えばＢ29が高度を下げてきた時を狙うしかなかったのである。彼らが精密な爆撃をするために高度を下げてきた時、「よし、千載一遇だ」と戦闘機が上昇気流に乗って上がっていく。そうして、運がよければ機銃で撃つことができた。それでも、ほとんどの場合は当たらなかったし、当たっても撃墜するまでには至らなかった。Ｂ29という航空機はまさに「超空の要塞（スーパーフォートレス）」だったのである。

Ｂ29は日本を襲いたい時にやってくるようになった。東京大空襲の後ともなると、皇居の上を飛び、爆弾こそ落とさなかったが、降伏を要求するビラをまいたりもしたのである。

一九四五年三月六日、昭和天皇は日光に疎開していた皇太子（平成天皇）に手紙を書いているが、なかでＢ29について触れている。

「私は丈夫で居るから安心してほしい　今日もおたたさま（母　香淳皇后）と一所に庭を散歩して　Ｂ29関係の色々の品が　とれた」

戦後のことになるが、香淳皇后から皇太子への手紙にも東京の空の上をＢ29が飛んでいた様子が書いてある。

「おもうさま（父　昭和天皇）日々　大そうご心配遊しましたが　残念なことでしたが　これで（玉音の詔勅）日本は永遠に救はれたのです（略）

こちらは毎日　B29や艦上爆撃機　戦闘機などが縦横むじんに大きな音をたてて朝から晩まで飛びまはつてゐます　B29は残念ながらりつぱです」

こういう証言から見ても、やはりあの大戦で、勝敗の帰趨を握ったのはB29という戦略爆撃機だったのである。ゼロ戦や隼の活躍は物語にはなっているけれど、戦争の行方を決したものではなかった。つまり、中島飛行機と中島知久平が営々と努力したことは形にはなったけれど、国防という所期の目的を果たすことはできなかったのである。

敗戦後、中島飛行機に残されていた戦闘機はアメリカ軍が研究のために持って帰ったものをのぞいて、すべてガソリンをかけて燃やされた。アメリカ軍が研究のために「整備せよ」と命令して持ち帰った機体は連山、彩雲、そして疾風だけで、ゼロ戦、隼はすでに研究され、旧型の飛行機とみなされたのだった。

中島飛行機の各工場にあった滑走路には碁盤の目状に爆薬が仕掛けられ、二度と飛行機が滑走できないよう徹底的に破壊された。

こうして敗戦の後、中島飛行機には何も残っていなかった。占領軍が持っていかなかったのは旧式の工作機械などの工場設備、わずかな材料、生活の道具と、そして、「オレたちは一流だ」という自負を持つ飛行機屋の魂だけだった。

第二章　ラビットスクーター

1947年に発売され、ベストセラーになった「ラビットスクーター」。

中島飛行機から富士産業へ

一九四五年八月一五日、戦争が終わり、日本は連合国軍の占領下に置かれた。連合国軍総司令部（GHQ）が設置され、元帥ダグラス・マッカーサーが連合国軍最高司令官（SCAP）となる。GHQは内閣を上回る権限を持っていて、超法規的にさまざまな「指令」を発することができた。一〇月には日本民主化のための五大改革指令を発した。婦人解放、教育の自由主義化、専制政治からの解放、経済民主化、労働者の団結権の確立の五つである。この指令をもとに財閥の解体、農地改革、新教育制度への移行などがすすんだ。そして、「戦争に協力した」と認定された財閥、公職にあった者に対しては排除の指令が届いた。むろん中島知久平と中島飛行機も戦争協力者のカテゴリーに入る。GHQの指令が下されるまで、中島飛行機は他の財閥と同じように、じっと待つしかなかった。社員たちも勝手に工場の操業を始めることもできなかったから、焼け跡の整理をしたり、日々を食いつなぐために、畑を開墾したりしていたのだった。

ひとつの問題があった。敗戦の年の四月から中島飛行機は第一軍需工廠という名称の国家機関になっていた。軍隊の補給部という位置づけだったから、そのままの組織であればGHQから「解散しろ」と言われる。そこで、知久平は動いた。敗戦直後の混乱の間に「国家機関ではない」と宣言し、富士産業と改称、民間の株式会社に戻したのである。そして、弟の乙未平を社長にして、自らは軍需相、商工相として入閣する。戦争協力者として、いつパージされるかわからなかったから、表立っては何もできなかった。そこで側面からの支援に徹したのだった。

「占領軍により戦犯に指定される」という情報は来ていたが、知久平は三鷹の泰山荘から動かなかった。「病気である」と称して、内閣の仕事も泰山荘で済ませていたのだった。

占領軍はさまざまな指示のなかに航空機の製造、研究、設計の禁止措置を含めた。となると航空機製造が本業の富士産業は会社はあっても、何もできないことになる。原則として一〇年間の製造禁止だったが、サンフランシスコ講和条約が発効した一九五二年以降は緩和され、細々と開発が始まることになる。

こうして、富士産業の戦後は、「どうやって食っていくか」から始まった。

冒頭の話で、一〇〇歳を超えた太田繁一が出てきたが、彼は戦後処理で獅子奮迅の働きをした。最初にやったことは玉音放送を聞いた後、社長の乙未平と相談し、本社を駒場の前田邸から丸の内興銀ビルに戻すことだった。興銀は戦時中、ずっと中島飛行機を支え、資金を供給した半官半民の銀行だ。その一室を借りて再出発の根拠にしたのである。

太田は言った。

「ゼロからの出発ではなく、マイナスからの出発でした。当時、中島飛行機には三二億円という大きな借金がありました。今のお金にすると、どうでしょう、兆の単位になるお金です。興銀は飛行機の製造費を貸してくれましたし、人手がないと言えば調達してくれました。戦前、興銀と中島飛行機は一対の組織でした。ところが戦後になって、飛行機は作れなくなった。しかも、戦時中に軍に納めた飛行機の代金はまだ払ってもらっていない。払ってくださいと言っても、軍はなくなったわけですから、戻ってこないんです。それは困ると申し上げましたら、一応、戦後の政府が代わりに払ってくれることになりました。しかし、最初の数回は戦時債務として補償してくれたのですが、それも止まってしまいました。私たちは食っていくためになんでもやらなくてはならなかったのです」

太田は敗戦時、三五歳。脂の乗り切った年齢だ。彼は、中島飛行機の社長秘書から富士産業の土地課長になった。興銀から借金ができなくなったから、膨大な社有地を切り売りして、それを運転資金と従業員の生活資金に充てることにしたのである。つまりは売り食いだ。この時、中島飛行機は全国に保有していた土地のほとんどを二束三文で売却してしまう。しかし、そうしなければまさに「食っていけなかった」のである。

中島飛行機は生産したものをすべて軍に納める会社だった。営業マンはいらなかったし、代金の回収などもやったことはなかった。そのうえ資金繰りはすべて興銀が面倒を見てくれた。知久平もまた「事務屋はいらない」と宣言し、長い間、大卒の文科系社員は採用しなかったのである。それこそ太田繁一が創業以来、初めて入社した事務系社員だった。同社において事務系社員は「飛行機屋」と呼ばれた技術系社員より格下の存在で、給料も安かった。だが、戦後、技術系社員は飛行機設計を禁止され、やることがなくなった。工場の隅に積んであった飛行機用の資材で鍋や釜を手作りして、太田たちに渡し、太田は土地課長だったけれど、それを闇市に持っていって売った。格下の存在だった事務系社員は戦後になって、大忙しだったのである。

財閥解体の追い撃ち

富士産業には飛行機を作れなくなった以外にも、次から次へと問題が降りかかってきた。

一一月六日、ＧＨＱは「持ち株会社の解体に対する覚書」を発表する。いわゆる財閥解体だ。三菱、三井、住友、安田の四大財閥と元中島飛行機、つまり富士産業への解体命令である。財閥解体は経済民主化措置のひとつで、子会社、孫会社の分離、財閥が所有する株式の処分、人的支配網の切り離しが主な内容だ。

要は、戦争に協力し、日本経済に大きな力を持っていた財閥の力を弱めるのが目的だった。ただ、富士産業のなかには明治以前から続く四大財閥と富士産業が同等に扱われたのは不公平ではないかと考える人間が少なくなかった。しかし、ＧＨＱにしてみれば歴史が長い四大財閥よりも、むしろ軍用機製造の数がもっとも多い富士産業を解体することが目的にかなうと考えたのだろう。

なんといっても一九四一年から一九四五年までの軍用機生産状況は中島飛行機が一万九五六一機で全体の二八パーセントでトップだった。二位の三菱重工業は一万二五一三機で一七・九パーセント。続いて川崎航空機が一一・八パーセントで立川飛行機が九・五パーセント、愛知航空機が五・二パーセントとなっている。ゼロ戦を開発し、歴史のある三菱よりも中島飛行機の方が航空機製造数では上だった。

思えば、徒手空拳からひとりで会社を興し、先端産業でたちまちトップ企業にした知久平の手腕をほめるべきなのだろうけれど、GHQにとってはその成長力が脅威に映った。結果として、富士産業の役員は全員が退任。会社も一五社に分割された。一五社とは日本各地にあった工場群の単位に分割されたということだ。一九一七年に創業した中島飛行機はまたたく間に巨大会社となり、富士産業と名前を変えたのもつかの間で、解体された後は、それぞれの工場が独立した企業体として再出発することになった。起業から解体までの歴史は二八年間。夜空にきらめく彗星のような会社だった。

解体に際して、太田は本社機能を残した東京富士産業という商社の役員になっている。仕事はそれまでと同じく社有財産の売却と管理が主で、加えて、各工場の製品を営業して歩くことだった。東京富士産業の社長には「興銀にいるよりも、長年、つきあった中島で働きたい」と言ってきた日本興業銀行の藤生富三が就任した。興銀もまた戦争協力者だったから、藤生としては小さいながらもとりあえずは仕事ができる東京富士産業で太田たちと苦楽を共にしたいと思ったのである。

財閥解体の後、再スタートを切った各工場が「さあやるぞ」と思ったとたん、またまたＧＨＱから指令が来た。

「戦時賠償の工場として指定するから、設備も機械も使用は禁止する」というものだった。

戦時賠償とは日本が戦った相手の国に金銭的に償うことをいう。軍の資産、軍需工場の資産を金に換え、賠償に振り向けることである。ＧＨＱは戦時賠償を日本の非軍事化のための施策のひとつとした。

「日本国民の生活水準を日本の侵略を受けたアジア諸国民のそれを上回らない水準」にしなければならないと彼らは考えた。つまり、日本をなるべく貧乏なままにしておけば、二度と戦争はやらないだろうという判断である。工業国にならなくともいい、農業国として生きていけという厳しい指令だった。

富士産業の場合、一四七の工場のうち、実に八五が賠償施設として指定された。ただし、後に占領軍の方針変更により、軍需工場の大半は指定を取り消されている。それで富士産業は息をつくことができた。また、賠償指定が取り消されたからといってアジア諸国に賠償金を払わなかったわけではない。工場を接収したり、設備を売却したのではなく、日本政府と日本国民がアジア諸国に賠償を行った。

賠償金は負けた国にはついてまわるもので、日本だけではなかった。ドイツの場合、第一次世界大戦時の賠償金を完済できたのは二〇一〇年になってからのことで、実に九二年も支払い続けたのである。それに比べれば日本の場合はまだましと言えるけれど、戦争に負けるとは国民が死傷したり、家屋や財産を失うばかりではない。国家財政にも大きな負担を強いられるのである。

分割、工場差し押さえの次に降りかかってきたのは前述した戦時補償の打ち切りである。むろんGHQからの指令だった。

戦時補償とは戦争中に納入した軍用機、兵器などの未払い代金、工場の疎開費用を敗戦後、受け取っていたことだ。モノを納めたのだから金をもらうのは当然のことだ。しかし、GHQは日本政府に対して「それを打ち切れ」と言ってきたのである。ただし、もし、そんなことをしたら、以後、国家に軍需品を納入する民間企業はなくなってしまう。だが、GHQの狙いはそこにあった。政府が払わなければ軍需品を製造する会社はつぶれてしまう。武器がなくなれば戦争はできない。そこで、GHQは日本政府に借金の踏み倒しをすすめるような命令を出した。しかし、一方で、政府としては通常の経済原則を踏み外すような借金の踏み倒しはできない。そこで、苦肉の策として、戦時補償の債務は全額支払うけれど、新たに税を設けて、一〇〇パーセント返してもらうという方法を取った。いずれにせよ、民間企業は残金を払ってもらえないのだから、結果は同じだった。

GHQは中島飛行機、すなわち富士産業はアメリカの敵であり、なくなってもかまわないと思っていたのだろう。

太田は思い出す。

「戦争直後、会社は分割され、戦時補償は打ち切られ、まあ、どうやって乗り切ったのだろうかと今、考えると不思議です。でも、それは中島知久平先生のおかげだと思うんです。私たちの心の中には知久平先生がいました。あの方さえいればどうにかなる、オレたちは大丈夫だという気持ちをみんなが持っていたんです」

大人気の乳母車

太田たちがGHQの命令に従っていた時、分割された各工場はそれぞれが自分たちのできる範囲で日常生活に必要な製品を作ることを決めた。

宇都宮工場は農機具、鉄道車両の製造に着手した。太田工場は自転車とリヤカーの生産とスクーターの製造である。浜松工場はミシン、タイプライター、計算機、乳母車を作った。小泉工場、伊勢崎工場はバスボディの製造。大宮工場は自動車修理、自動車部品、農機具の製造。ただし、ここにある自動車部品とはアメリカ製乗用車もしくはトラックの部品のことだ。

愛知県の半田工場では木造船、客車、電車修理をやった。いずれも設計、開発、製造は東京帝国大学工学部航空学科などを出た飛行機技術者である。木造船の場合、設計指導は船大工たちだった。船大工は飛行機技術者が船を前にして、あれやこれや作業をしていたところ、一喝した。

「お前らは何もできん。そんなことだから戦争に負けたんだ」

そして、戦前は航空機用エンジン「栄」「誉」などの開発をしていた荻窪工場は精密工具、小型エンジンを使った製粉機、歯車などを製造した。

荻窪工場には中島飛行機の技術者のなかでも特に俊英が揃っていた。後に分割された各工場会社は合同して富士重工になるのだが、プライドの高い荻窪工場だけは加わらなかった。彼らだけは独立し、タイヤのブリヂストンが中心になって設立したプリンス自動車に合流する。そして荻窪工場出身のエンジニアたちはプリンス自動車で名車スカイラインを生み出し、そのおかげで同社は「技術のプリンス」と呼ばれた。その後、プリンス自動車は日産と合併して、スカイラインも日産の車となり、荻窪工場の開発部隊は日産の技術者となった。そして、日産は「技術の日産」を標語とする。しかし、考えてみれば「技術の○○」というコピーは元々プリンス自動車、ひいては中島飛行機荻窪工場に対するものだったのである。

さて、六〇万坪の敷地があった三鷹工場は小型エンジン、スクーターなどを作っていたが、うち五五万坪および本館の建物を国際基督教大学に売却した。土地課長、太田の仕事だった。そうして、手にした金を興銀に返済し、また、運転資金にも充当した。

ただ、こうした数々の生産活動にかかわる前、各工場ではやらなくてはならないことがあった。それは戦争にかかわった軍用機の解体と解体材料を民生用に回すことである。飛行機屋たちは隼、疾風、天山といった飛行できる機体をハンマーで壊し、外被のジュラルミンなど使える部品を鍋、釜、乳母車、スクーター、バスボディなどに転用した。ハンマーを振るいながら、泣く者は誰ひとりいなかった。涙を流すよりも、まず今日、明日の飯の種を一刻も早く作る方が切迫した問題だったのである。

さて、乳母車、自転車、リヤカーでも町工場が作ったそれと、技術系の最難関といわれた東京帝国大学工学部航空学科を卒業した技師が設計した乳母車ではクオリティが異なる。資材もまた航空機用の質の高いものだ。町工場の乳母車やリヤカーよりも値段は高かったが、それでも富士産業各社の日用品は闇市では誰もが欲しがる人気ナンバーワンのブランド商品になったのだった。

元文藝春秋編集長で歴史家の半藤一利は終戦直後から二、三年経った時、軍需産業がいかに民需に転換していったかの実態を見ている。半藤はある新聞広告から次のような文を紹介している。

「転換工場ならびに起業家に急告！　平和産業の転換はもちろん、その出来上り製品は当方自発の〝適正価格〟で大量引き受けに応ず。希望者は見本および工場原価見積書を持参至急来談あれ。淀橋区角筈一の八五四（瓜生邸跡）新宿マーケット　関東尾津組」

これはテキ屋の親分、尾津喜之助が出した広告だった。広告を見た元軍需産業の企業は納入先を失った製品などを抱えて尾津組に駆け付けた。むろん、富士産業各社の工場も例外ではない。

続いて、半藤はこう書いている。

「焼け跡の新宿駅東口に、広告の出た二日後、突如として裸電球が紐で吊るされてずらりと並び、露天街が出現したのである。売られているのはだれもが生きるために必要としている日常雑貨。たとえばご飯茶碗一円五十銭、下駄二円八十銭、フライ鍋十五円、手桶九円、ベークライト製の食器・皿・汁椀三つ組八円と言ったところ。飛行機用材のジュラルミンやアルミニウムを急遽加工して作った鍋や弁当箱も並べられる。いずれも粗悪品であるが、とぶように売れた」（『B面昭和史』半藤一利）

飛行機の外被に使われるジュラルミンとはアルミニウム、銅、マグネシウムの合金で、ジュラルミン、超ジュラルミン、超々ジュラルミンの三種類がある。なかでも超々ジュラルミンはアルミニウム、亜鉛、マグネシウム、銅の合金で、強度は抜群だ。いずれも切削加工しやすいが、耐食性・溶接性は劣る。鍋、釜に向いていたかといわれると、決してそんなことはなかった。長年、使っているうちに台所の水で腐食するだろうし、おいしい料理ができるものとも思えないが、でも、何もないよりはましだったし、富士産業各社が作った鍋や釜だけは他の製品よりはるかに耐久性があったと伝えられている。

「もう一度飛行機を作りたい」

戦争が終わって一年もすると富士産業全体で二六万人いた従業員は三一九七名に激減してしまった。ただ、同社だけでなく戦前、軍需産業には多くの人間が動員されていたため、三菱なども人数は膨れ上がっていた。それが元の数に戻ったこともあったし、富士産業の場合は「将来の存続は無理」と悲観した従業員がやめていったこともある。

そんな軍需工場に動員された働き手は多種多様だった。学生、主婦、サービス業の従事者たちが主で、芸妓、尼さんまでが動員されていた。健康な働き盛りの男性は徴兵されて軍隊にいたため、銃後の守りを担っていた人間が工場で働くしかなかったのだった。

考えてみれば、戦争が終わって富士産業は苦難が続いていた。分割された上に、手持ちの材料で鍋や釜などを作ることしかできない。その日暮らしの日々が続いたのである。

……いったい、自分たちの将来はどうなるのだろうか。これから何をやって食っていけばいいのか。

その頃、富士産業各社にいた人々は不安と恐れで胸がいっぱいだった。世の中の人もまた生活の不安に押しつぶされそうになっていただろうが、兵器を作っていた人間たちはさらに明日を見通すことのできる立場ではなかった。それでも富士産業各社に散らばった飛行機屋たちがやりたかったことがひとつだけあった。それは……。

「いつの日か、もう一度、飛行機を作りたい」

太田は敗戦後、中島飛行機が解体された頃の気持ちを忘れてはいない。

「飛行機を作る夢はありました。しかし、現実は夢をどこかに置いておいて、とにかくメシを食わなきゃならなかった。一五社に分かれた会社が一二社になり、昭和二八（一九五三）年に合同するまではそれぞれが製品を作っていましたが、なんとか食えるぞと思えるようになったのはバスのボディとスクーターが売れてからのことでした」

バスボディは富士産業の小泉工場（戦前は小泉製作所）が手がけ、同工場が解散した後、伊勢崎工場に移し、製造を続けたものだ。一方、スクーターは太田と三鷹の工場で敗戦後すぐに製造が始まったもので、ラビットスクーターという名称のベストセラー商品になる。

バスのボディ開発を担当したのは飛行機と自動車の技術者、百瀬晋六だった。

百瀬は一九一九年、塩尻の造り酒屋の次男に生まれ、子どもの頃から機械や乗り物に関心を持っていた。勉強もよくできて、旧制松本中学の頃からは飛行機技術者にあこがれた。木村秀政、堀越二郎、糸川英夫など日本の航空界を代表する男たちと同じ東京帝国大学工学部航空学科に進み、中島飛行機に入社した。中島飛行機時代には世界でもトップレベルの最高速度を誇った艦上偵察機「彩雲」の排気ターボチャージャーの設計、艤装を担当して、名を上げた。

戦後はスバル３６０、スバル１０００といった車を設計し、富士重工時代の技術の基礎を作ったナンバーワン技師である。太田とも戦前戦後を通じて、一緒に仕事をしている。そして、太田は百瀬のことをこう評する。

「ほんとうに優秀な技師でしたけれど、酒を大いに飲まれる方でしたねえ」

太田が言うとおり、百瀬は酒を愛した。仕事の後、開発チームと一緒に居酒屋で飲んだ後、家庭でもまた晩酌をした。そして、酔って陽気になると英語で『ユーアーマイサンシャイン』を口ずさんだ。百瀬の師匠にあたる飛行機設計技師の小山悌もまた愛酒家で、小山はアンドレ・マリー、助手のロバンと合宿生活しながら飛行機の設計をしていた時、食事の際に日本酒やウイスキーを飲んだ。そして、彼もまた酔って楽しくなると、マリー技師と一緒にフランス語の歌をうたったという。小山、百瀬に限らず、テレビやステレオやスマホがなかった時代、酒の入った席では手拍子を打ち、歌をうたう人が少なくなかった。

百瀬が小泉工場で敗戦を迎えた時、上司から命じられたのは工場内の機械設備と資材のリストを作ることだった。前述の賠償のために何が工場に置いてあるかをリストにし、リストと現物をGHQに移管したのである。その後、リストにあった工作機械などはすべてインドネシアに送られた。自分たちが働いた金で手に入れた最新鋭の設備、工作機械は他国に渡さなくてはならなかったのである。ただし、旋盤、ボール盤といった単純な機械と少々の資材は残すことができた。

百瀬たちが工場に残っていたジュラルミンの薄板を見て、「これはなんとかできる」と思って転用して作ったのがバスのボディだった。製造に使ったのは旋盤、ボール盤といった単純な工作機械だけである。

百瀬自身はこう言い残している。

「バスは戦争中から不足していましたし、戦後は交通事情が悪かったから、バスなら必要とされるだろうと考えたのです。それに、バスのボディというのは、言ってみれば骨を組み、大きな板を加工して鋲打ちでドンガラを作るようなもの。これは飛行機の機体に近い構造だったのです」

確かに、飛行機の機体を作る技術とボディ製造の技術は近接している。それに、ジュラルミンの鍋や釜を作るよりもやりがいがある。百瀬たちはガラスや座席用のビニールレザーを東京の闇市で買い付けてきて、敗戦の翌年にはアルミ合金のボディでできたキャブオーバー型の試作車を完成させた。駆動を受け持つシャシー部分はエンジンとサスペンションが付いただけの戦前の国産品を活用した。

試作車のアルミ合金ボディは鉄製よりも軽く頑丈だから、燃費を食わない。また、キャブオーバー型というデザインが戦後という新時代を感じさせた。なんといっても戦前から走っていたバスの大半はボンネット型である。前方にエンジン室を設け、ボンネットと呼ばれるカバーを付けたものだ。一方、キャブオーバー型とはキャブ（キャビン、運転席）をエンジンの上（オーバー）に置いたもので、現在、走っているバスのデザインだ。整備には手間取るが、運転席周辺のスペースを広く取ることができる。ひとりでも多く客を乗せたいバス会社としては願ってもない設計だった。

モノコック構造の「バス」

この後、小泉工場が閉鎖されることになり、バスボディの製造ラインは伊勢崎第二工場へ移る。

百瀬たちは試作車を完成させた後、国内に多数走っていたボンネット型バスのシャシーにキャブオーバー型のボディを載せられるような工夫をした。その提案をバス会社に持っていくと、乗車定員を増やせると知ったバス会社は「すぐに作ってください」と改造を依頼してくるのだった。また、作業者が運転席の下にもぐってエンジンを整備している姿を見た百瀬は、もぐりこまずに整備ができるよう、エンジンをボディの外に引き出せるような装備を付けた。こうして、彼らが作ったキャブオーバー型のバスボディは「飛行機屋のバス」として業界では評判になっていったのである。

しかし、百瀬たち飛行機屋はそれくらいのことでは満足しなかった。一九四九年には民生ディゼル工業（日産ディーゼル、UDトラックスの前身）と共同で新型バスの開発をすることにした。ボディだけを作るのではなく、エンジン、ミッションといった足回りも含めての開発で、いわば自動車設計の初歩である。そして、新型バスの設計にあたって、百瀬は飛行機設計の技術、モノコック構造を持ち込んだ。バスとはいえ、自動車にモノコック構造を持ち込んだのはこの時の「民生コンドル」が日本で第一号である。

モノコック構造とは車体フレームの代わりにボディ自体に強い剛性を持たせる設計のことで、飛行機の機体設計で開発された技術だ。内部の空間を広く取ることができ、しかも、構造を簡素化しているので、全体を軽くすることができる。後に百瀬たちが挑む富士重工の乗用車P1、そして、軽自動車スバル360でも百瀬はためらうことなくモノコック構造を採用している。

民生コンドルはモノコック構造だけでなく、エンジンを後方に置くリアエンジン式でしかもエンジンは横置きだった。

一般に、車にエンジンを載せる際には縦置きと横置きがある。縦置きとは、車体の前後方向に対して縦に、横置きは横にレイアウトしたものをいう。運動性能を重視したい車、パワーが大きい大型車、高級車で、しかも後輪駆動の車に多いのが縦置きだ。一方、横置きは実用性を重視する車、前輪駆動の車に多い。横置きのメリットはエンジンとミッションを効率よくエンジンルームに納めることができ、室内空間を広く取れることにある。

百瀬はバスの室内空間を広く取るためのもっとも効果的な方法としてモノコック構造ボディとリアエンジン、横置きをすべて採用したのである。この先、百瀬たちのチームは富士重工の一員として車作りに向かっていくのだが、車体に関しての勉強は敗戦直後から一九五〇年代前半までのバスボディ製造で学んだと言える。そして、百瀬たちは自然のうちに中島飛行機以来のＤＮＡだった「安全」を意識して設計をしていた。軽くて頑丈なボディで乗員、乗客を守る。搭乗員を守る機体設計の思想を叩きこまれているから、ボディ開発でも同じ考え方を導入したのである。

こうして、他社とはまったく違う発想のバスボディを生産して、なんとか食いつなぐことができたのだが、バスボディ製造は将来性のある市場とは言えなかった。

当時、通産省（一九四九年から。それまでは商工省）が算出したマーケット規模は年間四八〇〇台。三〇社ほどのボディメーカーが争っていたから、大きなビジネスにはなりえなかった。百瀬たちはボディを作りながらも、飛行機の製造が再開できる日までのつなぎの仕事だなと考えていたに違いない。

ラビットスクーターの登場

スクーターは敗戦直後、爆発的に広まったモビリティ（乗り物）だ。その後、オートバイが出てくると、急速にすたれてしまうのだが、昭和二〇年代、三〇年代前半は日本中に走っていたのである。では、なぜスクーターが同じ原理のオートバイよりも先に市場に出てきたのか。

それは戦時中の飛行機に使う予定だった尾輪が大量に余っていたからだった。中島飛行機の技術者が作ったラビットスクーターもまた元々は飛行機の尾輪を利用したものだったのである。

また、スクーターとは運転する時、椅子に座るように腰かける。一方、オートバイは馬に乗るようにまたがる。スクーターはスカートを履いた女性でも乗ることができたモビリティなのだった。

富士産業から分かれた各社のうち、スクーターの製造を手がけたのは太田、三鷹の工場である。どちらも会社名は富士工業。一方、百瀬たち、バスボディを作っていた伊勢崎工場の方は富士自動車工業という会社に属する。一五社に分割された時、どこも「富士」を社名の一部に採用したため、別会社ではあるけれど、働いている人間はみんな同じ会社だと思っていた。結局、会社が合同した後は富士重工という社名になる。

さて、スクーター開発のきっかけは進駐してきたアメリカ軍の兵士が乗っていたパウエル製スクーターに触れたことだった。太田工場の技術者はそれを見て、「エンジンに椅子と尾輪をふたつ付ければいいんだ」と考えた。そして倉庫に残っていた尾輪と買い付けてきた資材でスクーターを製造したのである。その後、エンジンは三鷹工場、車体は太田工場と手分けして作るようになり、三鷹工場は二馬力、１３５ccエンジンを開発。太田工場は陸上爆撃機「銀河」の尾輪を流用した。しかし、尾輪は元々、航空機用の溝がついてないスリックタイヤである。そのため、最初に試作したものをのぞいては溝のあるタイヤを手に入れなくてはならなかった。余っていた尾輪から発想したものだったけれど、量産体制をとるには新しいタイヤを作る必要があった。

こうしてラビットスクーターと名付けられた製品は一九四七年から市場に出て、一九五八年にホンダのオートバイ（モペットともいう）スーパーカブが出るまではベストセラーだった。ラビットスクーターは販売が終了する一九六八年まで、約五〇万台を売り、いまもなお、それを修理しながら乗っているファンもいる。

ラビットスクーターは女優の高峰秀子、北原三枝（石原裕次郎夫人）、白川由美といった宣伝キャラクターを起用し、広く宣伝したこともあって、時代を象徴する乗り物になった。しかし、機構そのものは特に難しいわけではなく、いくつかの会社は真似をしてスクーターを売り出した。

昭和二〇年代、三〇年代は二輪車の技術が日進月歩で進化していく時代で、それに合わせてラビットスクーターもまた性能をアップさせていったのだけれど、スーパーカブに代表される小型のモペット、オートバイが出てきて、さらに軽自動車が登場してくると、スクーターの出番はなくなっていった。

動力二輪車にとってもったいないと思われるのはスクーターに乗っていた女性たちだ。彼女たちはスクーターが市場から消えていくと同時に二輪車に乗らなくなった。オートバイにまたがって疾走した女性ライダーもいなかったわけではないが、大半の女性はやはりまたがって乗る二輪車を敬遠したのである。戦後の自由な空気のなかでスクーターを愛した女性にとっては、オートバイの勃興は決して楽しいことではなかったと思われる。

記憶に残るスクーター

ラビットスクーターは戦後のある一時期だけの看板商品ではあったけれど、ふたつの点でその後の富士重工の発展に結びついている。まずは同社が販売店網を運営するノーハウを得たことだ。これは軽自動車、乗用車を売るに際しての貴重な体験となった。

一九五一年に富士工業は全国でスクーターを販売する特約店四九社を集めて全国ラビット会を

発足させた。町の自転車屋さんの集まりで、トヨタや日産が組織した車のディーラーには規模も修理能力も及ばない店舗網ではある。それでも、自転車屋さんの従業員はエンジン修理のコツや取り扱いを覚えることができた。それは実に大きなことだったのである。ただし、富士重工は全国ラビット会加盟店のすべてをそのまま自動車ディーラーに移行させることはしなかった。技術が優秀で、規模が大きいところだけを自動車ディーラーとして認めて、あとはラビットスクーターだけを扱わせたのである。そのため、自動車ディーラーになることができなかった自転車屋さんは怒って、スズキ、ホンダなど他社のディーラーに転じてしまう。

それは興銀出身の幹部が犯した大きなミスだった。興銀の出身者にとって、「自転車屋がディーラーになるなどとんでもない」ことだったのである。

太田はその失敗を見ていたが、中間管理職の身分だったから、口を出すことはできなかった。

「ラビットスクーターは定価で、ものすごく売れたんです。ラビット会の連中も売れるから満足していたんですよ。それで、次にスバル360が出た。これがまた売れたんです。商社の伊藤忠が目をつけて、『中島飛行機が作った車だから売れるだろう』って、モノがないうちから不見転《みずてん》で売り出した。当時、伊藤忠はいすゞと一緒にカーディーラーをやっていたから、店舗網はあったんです。うちはそっちにのめり込んで、ラビット会の連中のうち、四社にしかスバル360を売らせなかった。

あの頃、本社の興銀からきた幹部が言ってましたよ。

『ラビット会なんて、あんなつなぎを着て油をさしてる連中に車なんか売れるはずがない』と。確かにトヨタの神谷（正太郎）さんはつなぎを脱がせて、背広を着せた。挨拶をしろと言った。それでディーラー網を全国に作った。うちは神谷さんを手本にしちゃったんですよ。ただし、うちにはトヨタほどの体力はない。それでラビット会を切ったんですが、それが後まで響きました」

スバル360が出る前、本社の特約店会議に出ていたラビット会の人間たちは猛烈な抗議をした。

「どうして、オレたちは軽自動車を売っちゃいけないんだ」

ある幹部は相手にしなかった。

「いや、自動車とスクーターは別モノだ」

スバル360が出た一九五八年以降、ラビットスクーターの売れ行きが止まった背景には社会が豊かになり、スクーターから軽自動車という流れができたこともあるが、この時、頭にきて離反した特約店が販売する気を失ったこともあった。そして、富士重工がトヨタ、日産をお手本にしてディーラー整備を始めた後、ホンダ、スズキは町の自転車屋さんをディーラーにして、軽自動車を売り始めた。ディーラーを育てた会社と切り捨てた会社の違いだった。ただし、そうした顕著な失敗があったとしても、富士重工は特約店との付き合い方、運営ノーハウを体で覚えることはできた。

もうひとつ、スクーターが売れてよかったことは会社のイメージが向上したことだった。ラビットスクーターは当時の新メディアであるテレビに登場し、子どもたちから支持を得た。さらに後に有名になる人間が愛車にしたことで知られるようになった。

そのため、ただの「売れた車」ではなく、記憶に残るスクーターになったのである。スバル360、スバル1000というその後の製品はどちらも記憶に残る車になったのだけれど、富士重工にとっての嚆矢はラビットスクーターである。デザイン、性能は他社のそれと変わらないのに、いまだにファンがいて、乗っている人がいるのはこの時に生まれたイメージが幸いしているからだ。

ラビットスクーターが子どもたちに圧倒的な人気を得たのは漫画が原作のテレビドラマ『少年ジェット』に登場したからだった。『少年ジェット』は一九五九年から一年半、フジテレビ系で放映された実写ドラマで、ラビットスクーターに乗ったヒーロー、少年ジェットが怪盗ブラック・デビルと闘う物語である。当時の少年たちは原っぱで風呂敷をマントのようにまとい、ブラック・デビルに扮した友だち相手に「ウー、ヤー、ター」という必殺のミラクルボイス攻撃をした。ミラクルボイスを浴びせられた相手は「やられたー」と言って、草の上に倒れ込む。ラビットスクーターはヒーローの愛車だから、少年たちは大人になったら、あのスクーターに乗りたいとあこがれたのだった。

小澤征爾がヨーロッパ横断

ラビットスクーターを愛車にした有名人とは指揮者の小澤征爾だ。少年ジェットが放映された同じ年の二月一日、小澤は神戸港から貨物船淡路丸でヨーロッパに向けて出発した。船内には借り出したラビットスクーターが一台。

小澤はヨーロッパ大陸に着いてからの交通費を節約するために自らラビットスクーターの宣伝を買って出た。その代わり、富士重工は無償で小澤にラビットスクーターを貸し出したのである。小澤は日の丸を描いた愛車でマルセーユの港からパリを目指した。著書『ボクの音楽武者修行』（新潮文庫）にはこうある。

「スクーターかオートバイを借りるために、東京じゅうかけずり回った。何軒回ったかしれない。最後に、亡くなられた富士重工の松尾清秀氏の奥様のお世話で、富士重工でラビットジュニア125ccの新型を手に入れることができた。その時、富士重工から出された条件は次のようなものだ。

一　日本国籍を明示すること。

二　音楽家であることを示すこと。

三　事故をおこさないこと。
この条件をかなえるために、ぼくは白いヘルメットにギターをかついで日の丸をつけたスクーターにまたがり、奇妙ないでたちの欧州行脚となったのである」

小澤はこの時、ヨーロッパでスクーターが故障しても困らないように、工場でスクーターの分解方法や修理方法を学んでいる。

マルセーユからパリを目指す途中、若き「日の丸スクーター男」は歓迎を受けた。

「(着いた) 翌朝、街の中を二時間ほどスクーターでドライブしたが、道がいいせいか実に走りやすい。日本のように年じゅうどこかで道路工事をしているのとは違う。しかしちょっと止まると、すぐに人だかりがして、何やかやとうるさく話しかけて来る。スクーターに日の丸をデカデカと掲げ、ギターを背負っているので、よほど目につくらしい。変わり者が日本から来たとでも思うのだろうか。中には手を挙げて敬意を表してすれちがう車もある。ちょっといい気分だ」(同書)

結局、小澤はヨーロッパ、アメリカに二年半、滞在して、その間、ブザンソン国際指揮者コンクールで第一位、カラヤン指揮者コンクール第一位、アメリカのバークシャー音楽祭（現タングルウッド音楽祭）で受賞し、ニューヨークフィルの副指揮者になる。カラヤン、バーンスタインというふたりの巨匠に師事することもできた。小澤にとってヨーロッパ修業とラビットスクーターは福の神だった。

ブザンソンで第一位になってから、小澤は一躍、フランスと日本では有名指揮者になった。仕事も入ってきたこともあり、自動車免許を取った。そのため、実際にラビットスクーターを乗り回した期間は長いわけではなかった。それでも、事故や故障もなかったから、宣伝マンとしての役目は十二分に果たしたと言えよう。

一方、富士重工は小澤にスクーターを提供したことで、新しい才能を育てる会社だというイメージを手に入れた。

「元中島飛行機だった会社」といったイメージだったのが、少年ジェットのおかげで身近な会社になり、小澤に提供したことでは、文化を理解する会社、才能ある若者を後押しする会社という、さわやかな印象が付加された。ふたつのイメージはその後の同社にとっては大きな収穫だった。なにしろ軍用機を作っていたという事実は当時は非常にネガティブなものだった。昭和三〇年代まで元職業軍人や軍需産業に従事していた人間は複雑な立場に置かれていたからだ。

敗戦から五年経過した一九五〇年、レッドパージ、朝鮮戦争の勃発と事件が起こる。

レッドパージとはすなわち共産主義者、左翼に対する弾圧だ。それまで労働運動に寛容だったGHQはソ連との冷戦が深まるにつれて共産主義、左翼に弾圧を始めた。その反動として戦前に活躍した軍人、官僚たちにとっては立場がやや好転したことはある。しかし、それでも職業軍人、軍需産業の担い手だった者にとって戦後の日本社会は決して楽なものではなかったのである。

わたしは祖父、父ともに職業軍人の家に生まれた。近くに東条英機の一家も住んでいたから、彼ら家族の状況も知っていた。戦争が終わり、東京裁判が終了して、東条が絞首刑になってからでも家族に対して意地悪は続いていた。夜中に雨戸に生卵を投げつけられたという話を聞いたこともあった。うちも職業軍人だったから、内心、「うちにも生卵が投げつけられたら嫌だなあ」と思ったこともある。実際はまったく意地悪は受けなかったけれど、それでも小学校の時、ある教師から「なんだ、親父は職業軍人か」と軽蔑を込めて、舌打ちされたことはある。

これもまた子どもの頃の思い出だが、自宅に加藤隼戦闘隊の加藤（建夫）隊長夫人が来たことがあった。わたしは襖の陰からのぞいただけだ。加藤夫人がわたしの父と交流があったせいか、何度かうちの実家に来て、母親としゃべっていった。おだやかで品のいい人だったというイメージだが、格好は実に質素だった。うちの一家だって金持ちではなかったけれど、彼女はつましく暮らしているように見え、世間を憚っているふうでもあった。

それくらい、職業軍人や軍需産業に所属した人間はなんとなく肩身が狭かったし、中島飛行機の印象は決してよくはなかった。

そんな時代だったから、ラビットスクーターと少年ジェットと小澤征爾は、世間に対して肩身の狭い思いをしていた富士重工の社員たちにとっては大きな福音だった。

知久平の先見性

桐朋学園短期大学を卒業したものの、若く無名の指揮者だった小澤征爾にラビットスクーターをぽんと貸し与えたことは富士重工にとっては大きな決断だった。ヨーロッパまで持っていかれて事故でも起こされたら、それこそ大変なイメージダウンになるからだ。それでも、小澤を信じたのは富士重工に若く無名の才能を育てたいという人間がいたからだ。

戦後、自動車の製造を始めて間もない頃の同社にとって、小澤は飛行機に代わる夢だったのかもしれない。そして、才能を愛する気風は創業者、中島知久平が持っていたものだった。

知久平は小山悌、糸川英夫、百瀬晋六といった飛行機屋たちの才能を見て、腕を振るう機会を提供した。彼自身が技術者だったけれど、自分より優秀と認めた若手に飛行機の設計をまかせた。

太田は呟くように、しみじみと言った。

「自分の人生は知久平先生と出会えたことで、まことに充実したものになりました」

一〇〇歳を超えた彼が人生のなかで思い出すことがあるとすれば、それは中島知久平と出会ったこと、中島知久平に魅了されたことだという。

太田は戦後、知久平が三鷹の泰山荘にいた時、ある代議士の息子に頼まれて、一緒に出掛けて行ったことがあった。

代議士の息子は知久平に深々と頭を下げた後、こうあいさつした。

「私は知久平先生にお目にかかれて光栄です。先生はほんとにお元気ですね。私はずいぶんといろいろな人間に会っています。戦争に負ける前まで、あれほど威張っていた軍人、実業家がいまやぐんなりしちゃって見る影もありません。それに比べて知久平先生は何ともお元気です。いったい、どうしたことなのでしょうか……」

ソファに座った知久平は血色がよかった。敗戦の年、六一歳である。糖尿病と称してGHQの呼び出しには応じなかったが、病気で弱っている男の姿ではなかった。代議士の息子はよほど不思議だったと見え、「お元気ですね」を連発した。

ニコニコ笑いながら、知久平は答えた。

「いや、キミ、僕は戦争に負けたなんて思っとらんよ。おてんとうさまがちょっと雲に隠れたかなくらいのもんだ。雲が通り過ぎたらまたおてんとうさまがきらきら輝いてくる。キミたち、なんの心配もいらんよ。見てなさい、日本の潜在的工業力は世界に冠たるものだ。これからはいろんなものを作る。原材料はないけれど、なーに、それは外国から送ってもらえばいい。いまは外貨不足でピーピーしとるけれど、まもなく輸出が盛んになって、諸外国から、日本は黒字を貯めすぎだと非難される時代が来る。私はそれを憂慮しとるんだ」

そして、豪快に笑った後、太田くん、と声をかけた。

「キミ、うちの会社の土地を処分しとるそうだね」

「はい」

「いいかね。急ぐことはない。三二億の借金なんて、心配することはない。どこかのちっちゃな工場をひとつ売ればすぐにそれくらいの金は返せる。それよりも、第一次大戦後のドイツのことを知っとるかね。私はあの頃、出張しとったけれど、ある人から聞いたんだ。非常にインフレが昂進して、借金なんてすぐに返すことができたと。真面目に働いて給料を貯めていたやつよりも、毎日、ドイツワインを飲んで、庭に空き瓶を放っておいたやつの方が金持ちになった。物資が不足して空き瓶の値段が百倍、千倍になったからだ。だからね、キミ、急いで土地を売ることはない。そのうちに土地の値段は千倍、万倍になる。みんなが給料をもらえる程度に土地を売って、あとは酒でも飲んで、庭に日本酒の空き瓶を放り投げておけばいいんだ」

後にバブルの時代が来た時、太田は「さすがに知久平先生は先見の明があった」と感じいった。しかし、その時はすでに中島飛行機の土地はほぼ処分してしまった後だったのである。

また、太田は「知久平先生がいかに面白く、そして、やさしい男だったか」について、忘れられないシーンがあると言った。

「猥談」の名手

戦時中のことだった。

知久平は両親のため、故郷の群馬に広大な屋敷を建てた。棟上げの時に、自分の父親と久しぶりに会って話をした。

父親が言った。

「知久平、オレはもうずいぶんと年を取った。ついてはオレはまだ孫の顔を見たことがない。お前、この新しい屋敷に一度、孫を連れてきてくれんか」

知久平は笑いながら手を振った。

「いやいや親父さん、それは無理ですよ。孫を全部連れてこいと言われたら、大きなトラック一台でも足りませんから」

さらに、もうひとつある。

空襲が連日のように続いた敗戦間際の頃だった。知久平が駒場の前田邸に疎開していた中島飛行機本社に姿を現した。帰ろうとする際、ふと足を止めて、太田に声をかけた。

「太田くん、確かキミのうちは吉祥寺だったね」

「はい」

「キミ、僕は三鷹に帰るから、途中でおろしてやろう。乗っていきなさい」

太田は知久平が乗っていた外車の助手席に座った。知久平はむろん後部座席にでんと構える。駒場を出て、大通りを走り出す。すると、空襲のため電車が止まっていて、大きな荷物を持った人々がぞろぞろ歩いていた。知久平は運転手に車を止めるよう命じると、「キミ、あの重い荷物を持ったおばあさんを乗せてあげなさい」と命じた。

運転手は「いいんですか」という顔をして、太田を見た。太田はうなずく。知久平が乗せたのはおばあさん、ひとりでは終わらなかった。知久平は「キミ、車を止めて」と指示をし、「乗っていきなさい」と声をかける。そうして計四人の老婆が知久平の座っていた後部座席に同乗してきたのである。老婆たちは緊張して、ひとことも話さない。ただ、黙って、頭を下げているだけだ。いかにも乗り心地が悪そうだった。

すると……。

知久平は老婆たちを相手に猥談を始めたのである。最初はびっくりしていた老婆も猥談があまりに面白く、またあけすけなので、膝を打って笑い始めた。なかには、話に聴き入って、自分の家を通り過ぎてからあわてて車を止めてもらう老婆もいたのである。

あらためて太田は嘆息する。

「ほんとうに面白い猥談なんです。あれだけの猥談を聞いたのは私にとってはあの時が初めてで、そして最後の機会でした。知久平先生はユーモアに富んだ方で、しかも、やさしい方です。おばあさんたちを乗せたのはかわいそうというのもあったのでしょうけれど、自動車のなかに呼んでやれば、爆弾が落ちても安全だとも思ったのでしょう」

スバルの創業者、中島知久平はそんな男だった。死去したのは一九四九年一〇月。六五歳だった。知久平は隼も鍾馗も疾風も見た。彩雲も見た。戦後になってラビットスクーターができたということは聞いていただろうし、見たかもしれない。しかし、スバル360、スバル1000を見ることはなかった。彼は中島飛行機が自動車会社になったのを見ることなく亡くなった。

第三章　スバル360

1958年に発売され、“てんとう虫”の愛称で親しまれた「スバル360」。

ドライバーが乗りたくなるクルマ

中島飛行機から分かれた一五の会社のいくつかが富士重工として合同したのは一九五三年のこと。朝鮮戦争の休戦協定が調印されたのと同じ七月である。戦争特需が日本経済を活性化させたこともあり、町を走るモビリティの種類が変わった。それまでスクーター、オートバイ、オート三輪が主だったが、駐留軍の軍人が手放したアメリカ車を町で見かけるようになった。ただし、国産車はまだほとんど走っていない。戦前からの御三家、トヨタ、日産、いすゞは生産を開始していたが、主力は乗用車よりも、トラックだった。

この年よりも六年前の一九四七年、トヨタはトヨペットＳＡ型という小型乗用車を発表している。しかし、生産したのはわずか二〇九台だけだった。当時は国産乗用車には生産制限があって、ＧＨＱから許可されたわずかな台数しか製造できなかったのである。

しかし、占領が終わり、一九五〇年代の中頃を過ぎると、「業務用やタクシー用のセダンが欲しい。それも新車が欲しい」というユーザーが現れてきた。

そこで、国内の自動車会社は乗用車の開発、生産に乗り出すのだが、まだ自力で開発できる自信はなかったようで、業界の大勢は外国メーカーとの技術提携を選んだ。

一九五一年には三菱重工がアメリカのカイザー・フレーザー社と提携して、ヘンリーＪの組み立て生産、いわゆるノックダウンを始める。一九五二年には日産がイギリスのオースチンと提携して、オースチンＡ40を生産。一九五三年には日野自動車がフランスのルノー公団とルノー４ＣＶを出す。さらに、いすゞがイギリスのルーツ社と提携して、ヒルマンミンクスを出した。自社の技術で純国産の乗用車を開発したのはトヨタと富士重工の前身、富士自動車工業くらいのものだった。

伊勢崎の富士自動車工業が小型自動車の開発を始めたのは一九五一年末だった。担当は後にスバル３６０、スバル１０００を開発する百瀬晋六、バスボディにモノコック構造を持ち込んだ男だ。富士自動車工業でバスボディの設計に明け暮れていた百瀬は、ある日専務の松林敏夫に呼ばれた。

「百瀬、実は自動車をやりたいんだ。研究を開始してくれないか」

百瀬には否も応もない。

「ほんとか。ほんとにやるのだろうか」とも思ったけれど、かつては世界水準の飛行機を作っていた技術者である。中島飛行機出身の技術者たちのなかには「自動車なんて、飛行機に比べれば簡単だ」という、自動車設計に対する侮りを口にする者もいた。しかし、それでも技術者ならば、「ドンガラ」と呼ばれたバスのボディより、自力で動く自動車を作りたい……。自動車設計は彼らが飛行機の次にやりたかった仕事だったのである。

飛行機設計のプロ集団、百瀬たちのチームは自動車設計の研究に取り掛かった。すると、自分たちの考えがいかに甘かったかを痛感したのである。

百瀬は当時、こう語っている。

「飛行機、バスとやってきて、自動車屋になった。試作してわかったことはクルマというのはずいぶん難しいものだなということです。自動車は個人が所有する個人の道具なんですね。そして自分で毎日のように運転し、調整や掃除をする。とても身近な動的道具です。だからユーザーは自分のクルマがよくわかっている。作る方だって同じです。自分で作ったクルマは自分で欠点がよくわかる。だから、ユーザーはクルマを可愛がってくれるけれど、不満が尽きないのですね」

つまり、飛行機もバスも鉄道も運転するのはプロだ。一方、自動車は素人が操作する。素人の行動、素人の好みがわかっていないと売れる自動車を作ることはできない。自動車もまた糸川英夫が飛行機設計について鋭く言ったように、「いい車とはドライバーが乗りたくなる車」なのである。

「スバル1500」

百瀬たちが「P－1　パッセンジャーカー1」と名付けられた初めての試作乗用車の開発を始

めたのは一九五一年末からだった。百瀬以下、誰も自動車の設計をしたことはなかった。しかも、彼らは外国の自動車会社と技術提携もしていない。さらに彼らには金もなかった。外国の自動車会社に払う高額なライセンス料はどこを探しても出てこなかったのである。

結局、自力で設計、開発、生産技術の確立をしなければならない。百瀬は部下と一緒に上京し、東京の洋書店、神田の古書店、国立国会図書館へ通い詰めた。銀座の洋書店「丸善」では業界では名著として知られていたイギリスの専門書『オートモーティブ・シャシー・デザイン』を手に入れることができた。百瀬はそれをページが擦り切れるほど読み込み、自社で初めての自動車設計に挑んだ。また、日比谷にはGHQが運営していたCIE図書館があり、そこには自動車の技術に関する洋書、文献が多数、納められていた。そういった原書もまた読み込み、かつ、書き写した。そして、図書館へ行った帰りには芝浦にあったヤナセや赤坂にあった外国車販売会社のショールームをのぞき、アメリカ車を観察したり、写真で撮影したり、公道に外国車が駐車していたら、下回りを見るために車の下までもぐりこんでスケッチをしたこともあった。時には、駐車していた自動車の持ち主が戻ってきて、ほうほうの体で逃げ出したこともあったという。

同じころ、東京の杉並にあった機械試験場で「フォルクスワーゲンの分解調査ができる」と業界関係者から知らされた。百瀬は部下を連れて飛んでいき、自動車の構造がわかるまで、ひとつひとつ部品を丹念に調べた。こうして、P-1の設計、試作は進んでいった。資料を読み込み、現物を見て分解するだけで、一台の車を作ってしまったのだから、中島飛行機で航空機を作っていたエンジニアの力量はさすがというほかはない。

一九五四年二月、P－1の試作車ができあがった。二〇台近くも作られたのだが、そのスペックはエンジンが1500cc、六人乗りで最高速度が一〇〇キロで四八馬力。翌五五年に市販されたトヨタのトヨペットクラウンとほぼ同じ仕様で、馬力も同じだった。トヨタの技術陣はフォードで教わったことをもとに自動車の開発に携わっていた。自動車のトップ技術者であり、現場の体験も積んでいた。一方、百瀬以下のチームが行ったのは文献研究と分解調査だ。彼らが持っていた武器といえば飛行機の設計と製造技術だけなのに、クラウンと並ぶ性能のクルマを作ってしまったのである。

興銀出身だった富士重工の初代社長、北謙治はP－1の試作車にほれ込んで、「売れる」と確信した。そして社内で名称を募集する。「パンサー」「フェニックス」「坂東太郎」といったネーミングが候補に挙がっていたのだが、いずれも没にして、自ら「スバル1500」と名付けた。

一五に分かれたうち主な六つの会社が合同してできた富士重工を表すために、六つの星が印象的な星団（プレアデス）の和名「すばる」を取った。北は五六年に急死するのだが、その後、同社は新車が出るたびに「スバル360」「スバル1000」とネーミングした。ちょうどBMWが数字だけを車名につけたように、すっきりとした考え方だったのだが、なぜかレオーネ以降はスバルという車名をやめた。しかし、二〇一七年からは会社名を富士重工からSUBARUに変えている。スバルという名前に愛着を持つ同社の社員や熱心なユーザーたちは社名変更で満足したのではないか。

　さて、それほど出来がよく、しかも、社長もほれ込んだP－1だったが、五五年一二月、伊勢崎製作所で行われた四輪車計画懇談会議の席上で開発中止が決まった。社内の話し合いで淡々と決まったように社史には載っているが、当時のOBに言わせると、百瀬と部下の技術者からなる「百瀬学校」チームは悲憤慷慨したという。

「オレたちはクラウン以上のクルマを作った。そして、クラウンは売れている。なぜうちはスバル1500を出さないのか」

　そう言って、経営陣に詰め寄った若い技術者もいた。現在、太田の工場に保存されているスバル1500の試作車を見ると、実にスタイリッシュで洗練された形だ。初代クラウンがだるまのような、ずんぐりした形をしているのに比べて、スバル1500は飛行機デザインのようにも感じられる。車内のスペースは広いのに、車体は大きくは見えないのである。だが、会議の結論は変わらず、スバル1500は幻のクルマとなった。

「富士重工に出す金は一円もない」

　会議の様子を聞いた。あるOBは言う。

「興銀が新車は出すな、売るなと命令したわけです。当時、富士重工の経営トップは興銀の人間です。業界では富士重工とは呼ばずに、『興銀自動車部』という人間もいたくらいですから。興銀にとっては生産設備や販売に莫大な資金のいる新しい乗用車なんかを作られては困るのです。だいたい、興銀は当時、日産にいれあげてました。『日産があれば富士重工はいらない』という興銀の役員もいたくらいです。ですから、富士重工に出す金なんて一円もないんですよ。

あの頃、興銀の人間は威張ってましたからね。『東大を出て、富士銀行に入るやつなんかは人間のクズだ。銀行は日銀と興銀だけでいい』と言った興銀の人間もいたんですよ、実際」

このOBが言っていることは半分以上、当たっている。興銀にとって、富士重工に出す金はなかった。これより五年前のことだ。トヨタが経営危機に陥った時、日銀の名古屋支店長が銀行を集めて、「みんなでトヨタを助けてやってほしい」と協調しての追加融資を求めたことがある。その際、大阪銀行（後の住友銀行）が融資を断ったことは知られているが、この時、興銀もまた融資団からは外れている。住友銀行はこのことがあってから長くトヨタと取引できなかったのだが、興銀はトヨタとも取引を続けた。

そして、興銀がトヨタの協調融資を断ったのは、興銀自体がGHQから戦争責任を問われ、解体の危機にあったからだ。そして、興銀が政府系金融機関から普通銀行に転換したのが一九五〇年。トヨタの経営危機の翌年である。

興銀にしてみれば、やっと普通銀行になったばかりだった。すでに自動車を出している日産へは資金を出さざるを得なかったが、スクーターしかやったことのない富士重工の新自動車事業に大きな資金を出すことは不可能だったのである。そして興銀が富士重工の体力を疑ったのも無理はない。トヨタの場合はすでにディーラーという自動車の販売、サービス網を整えていた。乗用車を出せばある程度は売れるという見込みを持っていたのである。一方、富士重工が持っていたのは全国ラビット会というラビットスクーター販売網である。名前こそ「ディーラー」と称していたが、要は自転車屋さん、オートバイ販売店の集まりだ。自動車に関してのプロではなかった。自動車草創期のクルマは故障も多かったから、ディーラーに修理ができる人間がいなければ、たとえ新車を発売しても、ユーザーから苦情が殺到するおそれがあった。富士重工の経営陣がスバル１５００の生産を見送ったのには、資金が足りないことと、サービス網の整備が遅れていたというふたつの理由があった。百瀬たち開発陣にしてみれば、「やれ」と言われて新車を作ったのに、お蔵入りになってしまったのは残念至極ということだったろう。しかし、興銀出身の経営幹部たちは社内では威張り散らしていたかもしれないが、彼らの判断の方が正しかった。

生産中止が決まった後も、スバル１５００は本社のあった丸の内界隈では見かけることがあった。『間違いだらけのクルマ選び』をヒットさせた自動車評論家の徳大寺有恒は「よく見かけたし、そして、とてもよくできた車だった」と感想を語っている。

「もし富士重工がこの車（スバル１５００）を販売していたら、いったいどうなっただろうか。ことによると富士重工は（トヨタ、日産と並ぶ）三強の一角を占めていたか、しかし、もっと本気でこれにかまけていたら、スバル360は生まれていなかったかもしれない」

徳大寺はスバル1500の発売をやめさせた興銀の名前を挙げて「まったく銀行屋なんてロクなものじゃない」とまで言っている。

この後、スバル1500の試作車は自動車技術会が主催した東京、京都間のロングラン遠乗り会（一九五六年）にトヨタのクラウン、いすゞのヒルマン、日野のルノーといったクルマと一緒に参加し、乗り心地と操安性（操縦安定性）で最高の評価を得た。結果を聞いた百瀬は少し留飲を下げた。なんといっても、飛行機技術者として彼が追求したのは中島飛行機にやってきたフランス人技師、アンドレ・マリーが口を酸っぱくして言った「操安性」であり、「搭乗者の安全」だったからだ。

ベストセラー国民車「スバル360」

一九五五年、敗戦から一〇年が経った。翌年の七月、年次経済報告、いわゆる経済白書が発表された。第一部総論の結語には次のような有名な文句が載っていた。

「戦後日本経済の回復の速さにはまことに万人の意表外にでるものがあった。それは日本国民の勤勉な努力によって培われ、世界情勢の好都合な発展によって育まれた。貧乏な日本のこと故、世界の他の国々とくらべれば、消費や投資の潜在需要はまだ高いかもしれない。が、戦後の一時期にくらべればその欲望の熾烈さは明らかに減少した。もはや戦後ではない」

戦後の経済白書のなかでも、もっとも有名な言葉、「もはや戦後ではない」は、前後の文脈を読めば分析というよりも、「もう敗戦意識を引きずる必要はない」というマニフェストだ。いつまでも焼け跡の気分ではダメだ、これからは成長だ、みんなで幸せになるのだと世間を激励しているかのようだ。

同じ年、百瀬は発売されなかった車、スバル1500を忘れ、軽自動車スバル360の開発に取り組んでいた。メンバーは前回と同じ「百瀬学校」の技術者たちで、中島飛行機で飛行機製作に携わったことのある男たちである。「軽自動車」をターゲットに決めたのは前年に発表された国民車育成要綱案（通産省）があったからだ。

「乗員は大人ふたり、子どもふたり。最高時速一〇〇キロ、重量四〇〇キログラム以下。価格二五万円以下」

政府は自動車産業の育成と国民に自家用車を提供するために、「安くて小さいけれど、性能のいい車」を作るよう、各メーカーに要請したのである。そして、トヨタ、日産をはじめとするメーカーに競争試作させて、「最終的に一車種に絞り、国民車として生産・普及の援助を与える」とした。ただ、最終的には一車種に絞ることにはならなかった。結局のところ、上記の基準をクリアできたのは排気量の小さな軽自動車だけで、そのなかでもスバル360があっという間にベストセラーカーになってしまったので、役所が育成や援助をする時間はなかった。それくらい、百瀬たちが作った「てんとう虫」は上出来の車だった。前述の自動車評論家、徳大寺有恒はこう評している。

「初期のライトカーたちにとどめを刺し、軽自動車の決定版として一九五八年に登場したのが、富士重工のスバル360である。スバル360は立派な自動車だった。当時、日本だけでなく、第二次世界大戦の敗戦国のドイツやイタリアでも、メッサーシュミットやBMWイセッタ、チュンダップなどの、簡便なライトカーが大量に作られていたが、スバル360は、それら当時の世界水準のライトカーすべてと乗り比べても、遜色ない性能を持っていただろう」

「スバル360は実にパッケージングが優れていた。(略)そのボディは四角いフルワイドボディではなく、まだ曲線のフェンダーラインを残しているものだったが、それを決して無駄に使ってはいない。(略)

リアシートにも大人二人が乗れるから、その気になれば、少々つらいとはいえ、大人四人を乗せてぼくの得意の日光くらいは充分行けただろう」(『ぼくの日本自動車史』徳大寺有恒)

徳大寺が驚いたように、スバル360は当時の技術の粋を尽くしたもので、ユーザーにとっては、お値打ちのクルマだった。価格はトヨペットクラウンの三分の一の四二万五〇〇〇円(公務員初任給　九二〇〇円)。オートバイ二台分の360ccというエンジン容量なのに大人四人が乗ることができた。しかも、舗装されていなかった当時の道路を時速六〇キロで巡行できたのである。

通産省が出した「国民車構想」に応募し、量産されたのは三菱重工の三菱500だけだった。しかし、価格が高すぎて、国民車になり損ねている。だが、スバル360は価格がサラリーマンでも手が届いたし、何より国民車の基準よりもはるかに高いスペックを実現してしまったのだった。

当時、新入社員だった同社OBは「私自身も買いました」と語る。

「スバル360は飛行機技術者だから作ることのできた軽自動車でした。エンジンは二気筒の空冷エンジン。フレームレス・モノコック構造で、四輪独立懸架。車体の鋼板は0・6ミリと薄く、軽量化に役立ちました。また、屋根は強化プラスチック（FRP樹脂）だから、これまた軽い。大傑作車で、発売から一一年間、モデルチェンジなしで市場に出していましたし、大人気でした」

「ねじり棒バネ」

百瀬は軽量化、スペースの拡大、乗り心地の良さを追求したが、その開発方法は飛行機を作った時と同じやりかただった。

まずは徹底的な軽量化である。薄い鋼板、FRP樹脂の採用にとどまらず、五グラム、一〇グラム単位で車重を削った。中島飛行機時代からの部下、小口芳門は百瀬が信頼する男だった。小口自身も自分のチームを持ち、部下には徹底した軽量化を教えていた。小口はハンドルの設計をしていた部下に「まず粘土模型を作ってみろ」と伝えた。そうして部下が設計したハンドルの重さは九・二六キロ。小口は「どうにか七・五キロまで落とせ」ともう一度、指示する。部下はハンドルの粘土をカミソリで少しずつ薄く削っていった。そして、削りカスを手に載せ、その後、秤ではかってみたら削りカスの重さはやっと一〇グラムにしかならなかった。

その様子を見ていた小口は「よかったな。一〇グラム軽くなったぞ」と満足そうな表情をする。しかし、部下は「小口さん、たった一〇グラムじゃないですか。これくらいのことではなかなか減らせませんよ……」と文句を言う。

小口は猛然と怒った。

「そんなもんじゃない。戦争していた頃、中島飛行機の設計室には重量班というのがあって、彼らが設計者の図面をチェックするんだ。予定されている重量よりも一グラムでも重ければ設計図は描き直し。直属の上司よりも重量班の方が偉かった。いいか、飛行機の軽量化はささいなことの積み重ねなんだ」

以後、彼が口を酸っぱくして言ったことは「肉を盗め」「ここを削れ」「ここの強度を上げろ」という三つの言葉だった。

また、スバル３６０が悪路を六〇キロで走っても車体ががたがた揺れなかったのは足回り、サスペンションの改良があったからだ。小口のチームは軽量化に続いて、「棒バネ」と呼ばれる新しい形状の材料を使うことを思いついた。しかし、走行実験を始めると、サスペンションの棒バネが悪路の走行に耐えられず折れてしまう。なんといっても当時の道路舗装率はわずか一パーセントである。日本中の道路は基幹の国道をのぞけば砂利道だと思っていい。

小口は考えた。

「棒バネを長くする、あるいは太くすれば耐久性は増す。しかし、軽自動車の車体幅一三〇センチでは、これ以上は長くできない。かといってバネの直径を太くすれば重量が増えるし、クッションが硬くなる……」

その後も試験走行では、ねじり棒バネは折れたり、曲がったままになったりしてサスペンションの役目を果たさなかった。

そんなある日、百瀬が小口に一冊の洋書を渡した。東京の洋書店まで行って見つけた専門書で、そこには問題解決の糸口が書いてあった。かつて百瀬たちが戦闘機の技術向上に挑んだ時も洋書を取り寄せるか、もしくは大学の専門家に会いに行くしかなかった。戦闘機のような国家機密の塊は他国の現物や部品を取り寄せることができない。航空機で新技術を開発しようと思ったら、糸川がやったようにパイロットに聞く、あるいは鳥の動きを観察したり、さまざまな本を読んで考えることしかなかった。スバル３６０のような日本には前例のない革新的な軽自動車を開発する時も百瀬は同じ手法を取ったのである。

バネの専門書にはふたつのことが書いてあった。金属の「へたり」を防ぐためには、あらかじめ、ねじっておく「プリセット法」がある。先に棒をねじっておけば、その後に突発的な激しいねじれがあっても、金属には抵抗力が付いている。もうひとつ、金属の「折れ」に対してはアメリカでは「ショットピーニング法」で加工していた。

ショットピーニングとは金属の表面に無数の鉄の球を高速で衝突させ、金属材料の強さを増す技術だ。鉄の丸い球をショットと呼ぶことからショットピーニングという名称になった。ショットによって表面に無数の丸いくぼみができるが、硬度は上がり、繰り返し荷重に対する強さも増す。

小口はプリセット法、ショットピーニング法などで棒バネの大きさや形を変えないまま強度を高める方法を採用した。こうしてあらかじめ、ねじった棒バネ、つまりねじり棒バネは機能し、サスペンションは強化された。このおかげで、スバル３６０の乗り心地はよくなり、「スバルクッション」と呼ばれるまでになったのである。

スバル３６０の試作車は四台作られ、過酷な試験走行を繰り返した。試験ルートとして伊勢崎から高崎までの未舗装道路を往復した。一六時間で六〇〇キロを走る長距離連続走行テストから始まった。試作車のエンジンは酷使の結果、故障したため、エンジンを開発した三鷹工場から伊勢崎に来ていた技術者が徹夜で修理し、翌朝には再び、走ったこともあった。

百瀬チームが試験走行の総仕上げに選んだのは赤城山の登坂路を上ることだった。赤城山にはふもとから新坂平までの一四キロ地点に「一杯《いっぱい》清水《しみず》」と呼ばれる急坂路がある。傾斜角度が一三度というその坂道は見上げるような勾配で、スキー場の急斜面のようにも見えた。当時の国産車では一杯清水を一気に上ることができず、途中でいったん休んでから、また上るのが通例だった。そこをスバル360の試作車は大人四人を乗せて登坂していこうというのである。

百瀬たち技術陣は一杯清水を上った坂の上の地点、新坂平で車を待つことにしていたが、初回のトライアルではスバル360は上ることができなかった。エンジン全開で登坂すると、途中でオーバーヒートしてしまうのである。そこで、また工場に戻り、設計を考えたり、部品を手直しした。数回の登坂走行の後、四人乗りでアクセル全開のスバル360は一四キロの坂道を三五分で走破することができた。運輸省の新車認定試験の直前のことで、なんとか間に合わせることができたのだった。

参加していた技術者のひとり、松本廉平はこんな感想を残している。

「その後も赤城山の急坂路を上るテストは続けました。ある日、登坂していたら、坂の途中で東京から来た大型の外車がオーバーヒートして、エンジンフードを開けて熱を冷ましてました。そのわきを僕ら大人四人が乗った軽自動車がすいすいと上っていくわけです。高級セダンの横に立っていた人がポカンと口を開けて、茫然とこちらを眺めていたのを覚えています」

スバル360が売り出されたのは一九五八年三月である。価格は四二万五〇〇〇円。その後、同車は一九七〇年まで約三九万二〇〇〇台が生産され、ベストセラーでロングセラーとなるとともに富士重工の基礎を築いた。てんとう虫という愛称で呼ばれ、大勢のマニアも生まれた。マニアたちは発売から半世紀以上が過ぎた今でも、てんとう虫を愛し、ごくたまに路上でも見かけることがある。一九五〇年代にできた日本車で今も一般道路を走っているのはこの車くらいのものだ。

マツダ、ホンダの追い上げ

中島飛行機と富士重工で販売部長も務めた太田繁一は「百瀬さんは日本の車を変えましたね」と言った。

「これまで語られていなかったけれど、スバル360にしろ、その後のスバル1000にしろ、本当の飛行機技術が反映されているのです。

飛行機も自動車も同じように燃料を燃やして走るものです。ところが、飛行機は何千メートルも急上昇したり、あるいは急下降します。酸素の濃いところから薄いところまで行ったり来たりする。宙返りなんかもしちゃうんです。機体がどんな状態であれ、つねにエンジンまで燃料が供給されなくてはなりません。そのためには燃料ポンプ、燃料ホースからエンジンまでの道筋が大切なんです。気圧が変わっても燃料を供給する通路の設計は飛行機技術者がもっとも得意とするところでした。百瀬さんはそれをわかっていたから、スバル360、スバル1000はどんな急坂でも上ることができたんですよ」

太田が指摘したとおり、敗戦後、日本の自動車業界には大勢の飛行機技術者が入ってきた。そして、彼らが伝えた最大の技術とは、一般によく指摘されるモノコック構造ではなく、燃料通路の設計だった。たとえばアメリカからの輸入車を持ってきて、坂の多い日本の道を走らせるとエンストしたり、オーバーヒートするのは当たり前だ。アメリカの車は平たんな市街地を走るためのものだったからだ。

それにアメリカの自動車会社には飛行機設計の技術者はいない。飛行機設計の人間は飛行機を、自動車設計の技術者は自動車をやっていた。ところが、敗戦国の日本は「飛行機を作るな」と言われ、富士重工に限らず、トヨタ、日産、ホンダなどには飛行機の技術者が続々と入社してきたのである。彼らが自動車開発に携わったため、日本の車の質は格段に上がった。

モータリゼーションが進んでからも、日本に主にアメリカ車が入ってこなかった理由はいくつかある。本体の価格が高かったこと、車体の大きさが狭い道路には不向きだったこと、左ハンドルだったこと……。それに加え、アクセル全開で坂を上るとオーバーヒートしてしまう、あるいはエンストしてしまうことが多々あったのである。一九五〇年代、六〇年代、アメリカの自動車技術者は自国で車が売れていたから、小さな日本のマーケットに合わせて自動車を改良しようという気持ちは持っていなかった。一方、飛行機の技術者を迎えた日本の自動車業界は日本の道路に合わせた設計で次々と魅力的な車を開発していった。

「日本車は故障が少ない」

海外でもそういった定評ができたのは日本車にはモノコック構造など目に見える飛行機技術が車にいかされただけではなく、内部構造でも飛行機の技術が採用されていたからだった。

さて、スバル３６０は発売後、マーケットを快走したが、遅れて出てきた軽自動車、マツダキャロル（一九六二年発売）が一時期、スバルに肉薄した。性能や室内の広さはスバルの方が上だったのだが、キャロルはデザインが女性ウケして、ユーザーの奥さんたちが「これにしよう」と、夫にすすめたのだった。トヨペットクラウン、日産ブルーバードといった当時の小型車の主な需要はタクシーと業務用である。選ぶのは男性、ビジネスマンだ。一方、軽自動車は業務用ではなく、家族が乗る車で、車種選びに女性の意見が重要視される車でもあった。性能や室内の広さだけでなく、見た目が一般受けするマツダキャロルは特に女性に人気が高かった。

一九六七年にはホンダがＮ３６０を出した。最高出力はスバルの五割増しで、価格は一〇パーセントも安かった。軽自動車のユーザーたちはもちろん飛びついたし、若者たちも入門用にホンダＮ３６０を買った。その頃には若者が自分で乗るための車を買えるようになっていたのである。一方、発売してから一〇年近く経って、やや時代に遅れたスタイルになっていたスバル３６０はホンダＮ３６０の登場により、マーケットの片隅に追いやられてしまう。

太田は次のように説明してくれた。

「あの時代は日進月歩でしたから、すぐに新しい技術の車が出てくるのです。そんな時代に一〇年以上、モデルチェンジをせずにやってこられただけでスバル360は幸せな車でした。

また、私には相当、失敗だったと思われる上層部の決断があるんです。それは販売面でした。富士重工はスバル360を売る際、ラビットディーラーには売らせなかった。それが今にいたるまで、富士重工が大きくなれなかった原因のひとつなんです」

神谷正太郎がいなかった

太田の話、自動車販売の話には少し長めの説明がいるだろう。戦前、日本の自動車産業で乗用車を売り出したのはゼネラルモーターズ（GM）とフォードだった。日本勢にはトヨタ、日産、ヂーゼル自動車工業（いすゞの前身）の三社があったけれど、本格的な乗用車を生産するには至っていない。GM、フォードは乗用車用の販売店（ディーラー）を整備した。後にトヨタ自動車販売の社長になる神谷正太郎は自動車販売とディーラー整備の基礎をGMの日本法人で学んでいる。戦時体制になると、敵国アメリカのGM、フォードは撤退させられた。一方、国内の自動車各社は商工省の指導の下、自動車統制会として大同団結することになる。

この時、乗用車の販売網も統制によって、各社のディーラーは日本自動車配給会社（日配）として一元化された。日配は自動車と部品を一手に集配する機能を持っていて、そこから各県に一社と決まっていた各地方の自動車配給会社へ車を送った。日配はいわば日本の自動車産業の総代理店みたいなものだった。神谷は日配の常務取締役車両部長として、現場の最高責任者となり、地方配給会社を回ってはトラックや乗用車が届いているかどうかを確認し、また各社のトップと語り合った。そして、戦後、この時の経験が生きた。神谷は地方で有力と思われた配給会社のトップをかき口説いて、そのうちの大半をトヨタのディーラーにしてしまったのである。

戦後、トヨタが日産、いすゞといった会社を抜き去って業界首位の会社になったのはいくつもの魅力的な車種を開発したこともあるけれど、神谷正太郎が作ったディーラー網が他社よりも圧倒的に強力だったことが挙げられる。

モータリゼーションでトヨタがカローラを大々的に売っていた時代、富士重工で販売を担当していた太田は「神谷さんをお手本にしたけれど、トヨタと富士重工では体力、そして個々の社員の能力がまったく違っていた」と言い切る。

「神谷さんはGMがアメリカでやってきたことをそのまま日本に移植したのです」

具体的には次のようなことだった。戦前、ディーラーに名乗りを上げたのは部品販売会社と修理工場である。セールスマンといっても、売りに歩くわけではない。やってきた客にモデルを見せて受注する。修理工場の人間だから、着用しているのは白いツナギの制服だった。神谷はその習慣を一新した。大学卒の人間を雇い、礼儀を教え、スーツを着せてセールスに出した。また、戦後、自動車ブローカーと呼ばれる人間たちが仕入れた車を勝手に高く売っていたのを見て、定価販売を定着させた。さらにはオートローン、つまり自動車の月賦販売も始めた。加えて、自動車免許の教習所や整備士の養成学校も作った。日本の自動車販売の基礎を作ったのが神谷だったのである。

「私たちはスバル360を売る時に神谷さんがやったことをそのまま真似ようとしたんです。ですが、それはできなかった」

トヨタをお手本にしようと言った太田の上司は、それまでラビットスクーターを売ってきた「ラビット会」と呼ばれる全国の四九社のディーラーのうち、四社だけを軽自動車ディーラーとして認めた。残りの各社が「うちもベストセラーのスバル360を売りたい」と言ってきたにもかかわらず、太田の上司は断った。

興銀出身の幹部だけにとどまらず、中島飛行機出身の幹部もまたプライドだけは高かった。ホンダN360を開発した本田宗一郎は生産現場ではツナギを着て、油にまみれていたけれど、当時の富士重工のトップは現場で機械に手を触れたこともなかった。

そうして、いくらラビットディーラーから頼まれても、スバル360を卸すことはせず、東京は伊藤忠商事、大阪は高木産業といった商社と特約店、一部のディーラーだけに販売をまかせたのだった。

ラビット会に属しながら、軽自動車を売ってはいけないと言われたディーラー連中は怒り、脱退し、マツダ、ホンダ、スズキのディーラーに衣替えした会社も少なくない。

「スズキさん、ホンダさんは元々オートバイの会社です。そういったところはトヨタ、日産の後追いをせず、ツナギを着ていても、車を売ってくれるならかまわないという態度でした。そうして、自社の販売網を作り、大きく伸ばしていったのです。ディーラーの育て方が上手だったのです」（太田）

富士重工だって、一緒に苦労したラビット会の人々と軽自動車の販売網を作り上げ、そこから小型車に進出していけばそれなりの地歩を築くことができただろう。だが、背伸びをして、トヨタ、日産のような本格的販売網を目指したために、「名車」は作るけれど、つねに販売面では劣勢に立たされた。トヨタには神谷正太郎がいたけれど、富士重工には神谷に比すべき販売面での人材がいなかったということに尽きる。

飛行機も、自動車も

スバル360で富士重工は軽自動車のトップメーカーとなった。ほんの少し前まで、バスボディとスクーターしか商品がなかったことに比べれば望外の会社発展には違いないのだが、一九六〇年代の自動車業界の進展は予想をはるかに超えるスピードだった。業界全体がまたたく間に成長していたのである。

一九六〇年に三七万二〇〇〇台にすぎなかった国産車（軽自動車含む）の年間販売台数は七〇年には二六四万八〇〇〇台に伸びている。また、自動車（軽自動車含む）の保有台数は六七年には日本全国で一〇〇〇万台を突破している。七二年には二〇〇〇万台、七六年には三〇〇〇万台となった。六七年から七六年に自動車が二〇〇〇万台も増えたという国はかつてのアメリカ（一九五〇年代）くらいのもので、その時代の日本人は五人にひとりが車を持っていたことになる。

富士重工はトヨタ、日産ほどは成長しなかったけれど、マーケット全体の伸びと成長性のおかげであれよあれよという間に一流企業の仲間入りをした。

ただし、詳しく見ていくと、軽自動車を手に入れたユーザーが二台目もまた同じ軽自動車を買ったわけではない。軽自動車ユーザーの大半は買った車を下取りに出し、小型乗用車、つまり、カローラ、サニー（一九六六年発売）へグレードアップしている。こうしたユーザーの態度を見て、トヨタ、日産は車種を乗り換えさせる作戦に出る。トヨタであればカローラからマークⅡ、コロナ、最後はクラウンへ。日産であればサニーからブルーバード、ローレルからグロリアへ。次々と車種のグレードを上げて、ユーザーに乗り換えを迫る。モータリゼーションのさなか、軽自動車しか持っていない富士重工としては小型自動車の生産に乗り出さない限り、せっせと他社のために入門用の車を作っているような状態になってしまったのである。

まだスバル３６０が売れていた一九六三年、富士重工の経営トップが代わった。電電公社副総裁だった横田信夫が社長、興銀常務だった大原栄一が副社長という布陣である。

戦後、中島飛行機は分割され、何を作って食べていくのかといった状態になった。そこからまた会社は合同し、ラビットスクーター、スバル360というモビリティを出して、なんとかひとり立ちしたのがその頃で、ようやく攻勢に出ようということを示した経営陣の組み替えでもあった。

そして、戦後、許されなかった飛行機事業も再開し、富士重工は自衛隊の練習機として国産ジェット機を完成させ、国産旅客機YS11の製造にも関与することができた。

それまで敗戦国の影を引きずっていた日本だったが、一九六〇年代の経済成長とともにグローバル経済の一員となった。そうなると資本、貿易の自由化に踏み出すことになる。六一年にはトラックとバスの輸入が自由化されている。

富士重工が経営陣を一新したのはそうしたタイミングだった。経営陣は長期計画を立て、どういった会社を目指すのかを議論した。戦前の中島飛行機のように持てる資金、人材をすべて航空機事業に投入するのか。それとも軽自動車の成功を契機として、本格的自動車会社としてトヨタ、日産を追撃するのか。

結果としては当時の経営陣が考えたのは飛行機か自動車かを選ぶのではなく、どちらもやっていこう、手がけているジャンルのすべてを伸ばしていこうというものだった。

「事業部制にして、独立採算を徹底する」と枠をはめたものの、自動車、機械（産業機械、農業機械）、車両バス、航空機という四つの事業に体重を乗せて、全体のスケールアップを図るという戦略だった。今、考えれば総花的なアイデアに思えるけれど、日本が経済成長のど真ん中にいた時代である。経営者ならば、どれかを切り捨てるよりも、「どんどん前に進め」と号令をかけたくなるのが当たり前だったろう。

ベンチャー経営者の決断

当時のことを知る、戦後に入社した事務系のOBはこんな話をする。

「自動車の開発部隊でも飛行機出身者はだんだん年を取ってきました。飛行機をやりたいとは思っても、スバル360を当てたから、次は小型乗用車をやりたくなる。ただし、飛行機についてのロマンは相変わらず持っているわけです。ですから、どちらの事業も捨てるわけにはいかなかった。一方、富士重工の経営に影響を与えていた興銀の意向は『仕事はこれまで通りやってもらいたいけれど、あまり金をかけるのは困る』といったものでした。だいたい、彼らはプロパーの連中は町人だと思っていたのです。大切なことは興銀から来た武士が決めるんだ、と。興銀というのはものすごいエリートなんですよ。

興銀だけがちゃんとした銀行で、あとは大したことはないという……。そういう体質だったから、富士重工に入社した人間が経営トップになるような雰囲気は皆無でした。現場は現場で命令されて日々の仕事をやっていただけです」

興銀は国の政策をアシストする金融機関であり、富士重工の経営を考えるうえでも、国の政策に左右されるところがあった。たとえば、当時、通産省は自動車の輸入が自由化されたため、国内資本の自動車会社を整理しなければならないと考えていた。通産省は国内に一一社あった自動車会社をトヨタ、日産、その他という三つのグループに再編して、それぞれの体質を強化させようと思ったのである。興銀出身の経営者は後に富士重工を日産と提携させる（一九六八年）のだが、それより以前から日産グループの一員としてふるまうべきと考えていた。興銀にしてみれば自動車会社は日産一社で充分だから、スバル360がヒットした頃から、将来は日産と統合させることを考えていたふしがある。だから、富士重工は軽自動車を作り、スバルユーザーは日産のサニーへ進めばいいとも考えていただろう。しかし、富士重工の現場が作ったスバル360は売れ続けた。ディーラー、ユーザーからは「次は小型乗用車を出してほしい」という要望が届いてくる。

経営や金については興銀が握っていたけれど、ベストセラーを出した技術陣は、それなりに発言権を拡大していったのである。いくら興銀本体が「いずれ日産とくっつけたい」と思っても、興銀出身の経営者がその声を現場に浸透させるには至らなかった。そこで、富士重工は資金を投じて新しい小型乗用車の開発に突っ込んでいく。

その時代の自動車会社はトヨタ以下、すべてがまだベンチャー企業の段階にいた。車は売れていたけれど、先の見通しをはっきりと持っていた会社はトヨタくらいのものだった。果たして「車がそのまま売れ続けるかどうか」にはまだ確信を持てなかったのである。今でこそモータリゼーションという言葉を使っていて、乗用車の数の増加が当たり前のことのように思われているが、当時の空気はそんなものではなかった。トヨタのトップ、豊田英二がカローラだけを生産する高岡工場を作った（一九六六年）時、周囲からは「トヨタはこれでつぶれる」と言われた。

豊田は後に「モータリゼーションを信じて、それを実現したのは私だ」と言っているけれど、確かに、日本に乗用車時代が確実にやってくると思って工場を建設したのは彼だけだった。

豊田以外の経営者は新車を準備しながらも、心のなかに確信を持っていなかった。なんといっても「アメリカからビッグスリーがやってきたら、ちっぽけな日本の自動車会社はふき飛ばされてしまう」というのがその頃の常識だったからだ。

興銀から来た経営者は生産現場の熱に圧倒されたこともあり、同社初の小型乗用車開発にゴーサインを出した。スバル３６０の後継車となるスバル１０００がそれだった。

会社合同から一〇年経った一九六三年、富士重工の売り上げは三六七億三八〇〇万円。資本金は四九億五〇〇〇万円。一方、新型車の開発、生産に投下する資金は三〇〇億円。資本金の六倍、そして一年間の稼ぎ全部をつぎ込んで、新しい車を作ることに決めたのである。生え抜きの人々は「興銀の連中はオレたちのことをわかっていない」と思ったかもしれないけれど、横田、大原の決断は非常に大きなものだった。スバル１０００の開発は銀行屋の決断というよりもベンチャー経営者の決断だったのである。

第四章　水平対向エンジン

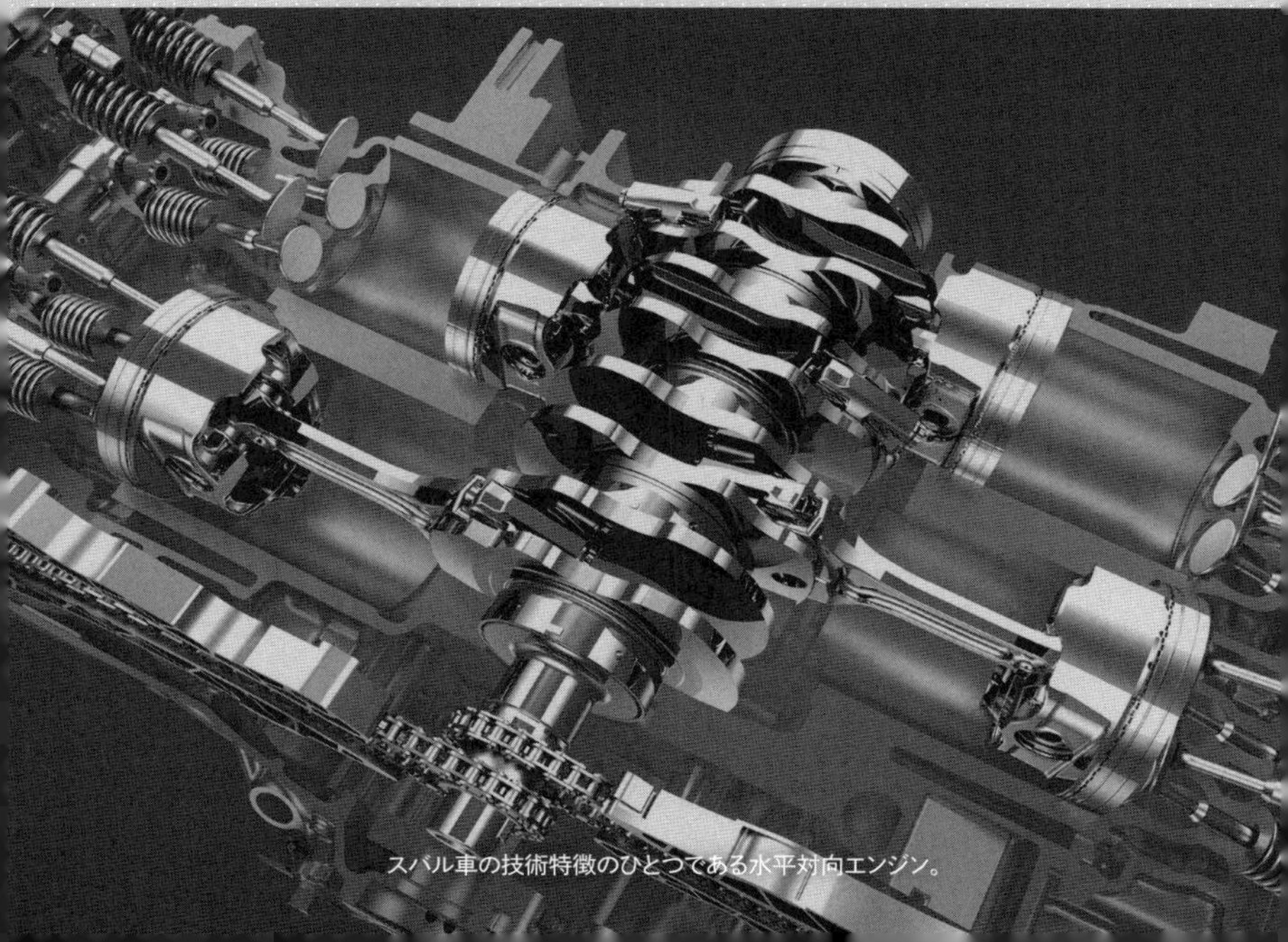

スバル車の技術特徴のひとつである水平対向エンジン。

極め付きの名車、スバル１０００

これまで富士重工、スバルが作ったなかで、極め付きの名車とされているのがスバル１０００だ。後にアルファロメオが作ったベストセラーの小型車アルファスッドに影響を与えたとされるもので、スバルユーザーの間では「日本自動車史上ナンバーワン」「神話の域にいる車」と言われた。徳大寺有恒の『間違いだらけのクルマ選び』では、数ある大衆車が辛口の評価を受けているのに、スバル１０００だけは絶賛されている。それくらい高い評価を受けた車だった。

設計担当はスバル３６０で名を上げた百瀬と配下の百瀬学校のチームである。彼らは富士重工初の小型車に当時、世界的にも先進とされた技術を「これでもか」と詰め込んだ。

先進技術のひとつとして採用したのがＦＦ、フロントエンジン、フロントドライブという方式であり、もうひとつが水平対向エンジンだった。いずれも次のような機構である。

「駆動方式は、当時の国産車としては画期的なフロント・エンジン／フロント・ドライブのＦＦ方式を採用していました。それまで、純粋な国産車で、ＦＦ方式を採用した乗用車は一台もなく、海外でもシトロエンやルノー、サーブなどの限られたメーカーのみが生産していました」（『スバコミ』ファンサイト）

また、後継車にも採用されている水平対向エンジンはこうなっている。
「水平対向エンジンの特徴は、小型軽量であることと、スロットル・レスポンスの良さにあります。言い換えれば、極めてスポーティな特性を持っていると言えます。また、シリンダーの中を往復するピストンの動きが左右対称となるために、動的なバランスが取りやすく、従って振動が少なくなる利点があります。振動を抑えることは、乗り心地が良くなるばかりではなく、エンジンの耐久性も向上することになります」(同サイト)
次いで、レースカーにも採用されたインボードブレーキ、そして、先進的なデュアルラジエーターシステムについても同サイトは丁寧に説明している。

インボードブレーキ
「センターピボット・ステアリング方式の採用によって、タイヤの接地面の抵抗を最小限に止め、操舵反力が軽減された。同時にハンドルの操舵角度も大きくとることができた。
バネ下重量が軽減されて、タイヤの接地性がよくなり、加速、乗り心地、走行安定性が良くなった。ブレーキがホイールから離れているので、泥や水が入りにくい」

デュアルラジエーターシステム
「デュアルラジエータ方式のスバル１０００には、一般的に採用されている、冷却ファンがありませんでした。その構造はメインとサブの二つのラジエーターと、リザーバータンク、サブラジエーター用の小型電動ファンから成り立っている密封加圧式の冷却システムで、状態に応じて三段階の効率的な冷却を行うことができました。また、この方式が国産車に採用されたのはスバル1000が最初でした」

いずれも世界水準を超えた技術だった。そして、ユーザーがもっとも驚いたのは居住性、つまり車内の広さである。

FR（フロントエンジン、リアドライブ）車の場合、フロントのエンジンが作った駆動力をリアにつなげるために、車の中央にプロペラシャフトを通す突起ができる。現在の車はほぼFF車だから、プロペラシャフトのある風景を忘れた人が多いかもしれないが、リアシートに3人が乗る場合、中央の人間は足を置くスペースがなくなるのである。

それを解決したのがスバル1000で、FF車がその後の大衆車の標準となるのは、この車が出たからだろう。

売れなかった「名車」

わたしは大学に入った年、一八歳でこの車を手に入れた。運転席に座ると、車内が「やけに広い」と感じたことを覚えている。当時、車格が上のトヨタのコロナと同じかもしくはそれ以上の広さだったというから、広く感じたのも無理はなかった。そして、車体が軽かったからスピードも出た。長い坂道を下っていると、どんどんスピードが出てきて、車体が押しつぶされるのではなく、浮上する感覚があった。そのまま空に飛びあがってしまうんじゃないかとも思ったくらいだ。運転する車ではなく、飛行機のように操縦する車がスバル1000だった。

それほどの名車だったけれど、しかし……、実際は思ったほどは売れなかった。誰もが自家用車を手に入れるモータリゼーションの時代でもあったし、スバル360から乗り換えようとした客もいたので、決して惨敗ではなかった。しかし、売れ行きではカローラ、サニーとは比較にならなかったのである。一九六七年、カローラが年間に一六万台売れていたのに比べ、スバル1000は三万台から四万台といったところだった。

自動車評論家の徳大寺は『間違いだらけのクルマ選び』で、わざわざ一章を費やして「スバル1000が売れなかったことが歴史を変えた」と記述している。

「スバル1000は、いくらほめてもほめ足りない素晴らしいクルマであった。しかし、このきわめて理想主義的な、名門中の名門であるアルファ・ロメオでさえ真似したクルマは、あえなく三振ではないにしても、レフトフライぐらいに終わってしまった。多くのユーザーはスバルの先進性を理解できなかったし、また街の修理屋さんはこの面倒なクルマを、えらく嫌ったのである。

かくしてスバル1000は登場してから五年後の一九七一年、あのみにくいレオーネ（注　後継車種）へとモデルチェンジされていくことになる」

ここにあるように、売れなかった理由は当時、FFに慣れていなかったカーユーザーにとっては運転のフィーリングがFR車とは微妙に違ったことが大きかった。また、いくつもの先進技術はよかったけれど、修理に手間がかかったのである。修理工場にとってみればクラッチを交換するだけなのにいちいちエンジンを車から外すという、ひと手間が必要で、作業者はスバル1000がやってくると顔をしかめたという。そして何よりも値段だ。カローラ、サニーよりも少し高かった。先進技術にかかった費用、そして、トヨタ、日産よりも部品代が高価になってしまったことで、車両価格は上がった。スバル1000は高性能だけれども、それを高価格でしか販売できなかった。トヨタだったら、それこそお得意のトヨタ生産方式を活用して、少しでも価格を下げるのだが、富士重工にはそういった生産ノーハウがなかったのである。

具体的にはスバル1000の発売当時の価格は六二万円。一方、トヨタカローラ（初代）のそれは五二万五〇〇〇円。一〇万円違うのならば、人は新規の技術よりもやはり価格で車を選ぶ。

徳大寺も書いているが、名車スバル1000はわずか五年の命だった。売れないと判断した経営トップはスバル1000のデザインを通俗的にして、値段も安めに設定したレオーネという車にシフトするのである。

あるOBは言った。

「スバル1000からレオーネに変わった時、百瀬さんはかんかんに怒ってました。『レオーネは堕落だ。あんな車は許せない』。もうチーフデザイナーを退いてましたけれど、百瀬さんは富士重工が他社の車と変わらないものを出すことを認めたくなかったんだと思います」

スバル1000よりも二〇年以上前、百瀬が叩きこまれた戦闘機の設計とはつねに先進技術を盛り込むことだった。見た目よりも、スピード、旋回性能、機体の軽さなどを追求して、ライバルの飛行機を圧倒する。そうしないと撃墜されてしまうからだ。百瀬はスバル360、スバル1000でも先進技術を盛り込むことを当然考えていた。彼にとって「いいクルマ」とは他の会社のクルマを圧倒するような技術の粋を集めたものだったのである。だからこそ、ふたつの名車が誕生した。

しかし、時代は流れていた。モータリゼーションの時代のユーザーが欲しいクルマとは、性能が飛び抜けたものではなく、「売れている車」だった。カローラ、サニーならばどこにでもある。みんなが認める車で、故障してもすぐに部品が交換できる。みんなが乗っていて、しかも、便利。通俗的ではあっても、横並びではあっても、安心感があった。「みんなと一緒」だからこそ売れたのだ。

いすゞ、日産との提携

スバル１０００が出た一九六六年。日本の自動車生産台数はアメリカ、西ドイツに次いで、世界第三位の台数になった。二年後には日本のＧＮＰは西ドイツを抜いて、世界第二位となる。共産主義のソ連をのぞいて、敗戦国だった日本はアメリカに次いで経済力のある国にまで成長した。同年の自動車生産台数は約二〇六万台。これもまたアメリカに次ぐ数字だった。そうなると「敗戦国だから」と国内のマーケットを閉鎖しておくことなどとてもできない。なんといっても第二次大戦に勝利したイギリス、フランスの経済を凌駕しているのだから、海外の車に高関税をかけたり、非関税障壁を設けることなど許されないのだった。すでに一九六五年には完成自動車の輸入は完全に自由化されており、七三年には資本の完全自由化が決まった。七八年には乗用車の関税はゼロになっている。

一九六〇年代の後半から日本の自動車業界は海外メーカーと同じ条件の競争が始まった。

自由化以前、自動車業界関係者は「アメリカの自動車会社が進出してきたら、日本の自動車会社は吹っ飛んでしまう」と信じていた。なんとか互角に戦うことができるのはトヨタ、日産二社だけともいわれていた。富士重工を含む中堅以下の自動車会社は外資の軍門に下るか、もしくはトヨタ、日産の傘下に入るしかないと覚悟を決めていたところもあった。そこで、中堅以下の自動車会社は提携に動いた。

六六年、プリンス自動車は日産と合併、事実上は吸収合併である。プリンスはブリヂストンのグループで、スカイラインは同社が生んだ傑作車だ。同社の技術部門で、特にエンジンを統括した中川良一は中島飛行機出身で、戦時中には傑作といわれた航空機エンジン「誉」の設計主任をしていた。つまり、プリンスは富士重工にとっては同じ中島飛行機から派生した会社だったのである。そのプリンスは日産に吸収された。

同じ年、トヨタは日野自動車と業務提携、翌六七年にはダイハツ工業とも同種の契約を結ぶ。六六年一二月、富士重工も動いた。戦前からの名門企業で、トラックと乗用車を出していた、いすゞと業務提携を結んだのである。ただ、この提携は長く続かなかった。二年後、いすゞが「三菱重工（一九七〇年から三菱自動車）もグループに入れたい」と提案したことで、富士重工はいすゞとの提携をやめた。なんとしても富士重工は三菱と組むわけにはいかなかったのである。自動車部門では軽自動車が競合した。また、航空機部門では防衛庁に納入する際の最大のライバルが三菱だった。加えて、バス部門、農業機械でも競り合う相手だ。そのうえ、所帯は三菱重工の方が圧倒的に大きかった。提携が進み、「一緒になろう」となったら、間違いなく吸収される側が富士重工だったのである。そのうえ、年配の社員たちにとって三菱は中島飛行機のライバルだ。三菱、中島と並び称されたけれど、三菱のゼロ戦に載ったエンジンは中島製であり、機体自体も過半を製造していたのは中島飛行機だ。それなのに、戦後になって、三菱のなかに吸収されるのはプライドが許さなかったのである。こうしていすゞが出してきた三社の合同案に乗れない富士重工は提携を解消するしかなかった。成り行き上、いすゞと三菱は提携をした。ただ、この提携もまた一年しか続かなかった。強くはない者同士が連合を組むのは簡単なことではない。強ければ余裕があるから相手の言うことを聞いて腹におさめることができる。しかし、余裕がないものにとっては、ちょっとした相手のミスを許すことができないし、また、相手のちょっとした言葉遣いに神経質に反応してしまうのである。

結局、富士重工が選んだ道は業界ナンバーツー、日産との業務提携だった。日産は軽自動車は作っていないし、航空機部門もない。なんといってもメインバンクは同じ興銀だ。興銀にとっても、三菱銀行が後ろに付いている三菱重工との縁組よりも、日産、富士重工の組み合わせが最上の策だったのである。

「もし、富士重工の車が売れなくなって、会社が傾けば日産が引き取ればいい」

興銀幹部はそこまで考えていたに違いない。両社が業務提携した年、一九六八年は乗用車は売れていたけれど、スバル360はそろそろ売れなくなっていた。また、スバル1000もカローラ、サニーに比べたら、とてもヒットしたとは言えない販売成績を続けていた。富士重工にとってはモータリゼーションに乗って、もっともっと売らなくてはならない時期だったけれど、販売面の弱さが出てしまったのである。

当時、富士重工の販売にいた人間は現場の弱さについてこう語る。

「ディーラーのセールスマンは給料の他に販売成績によって歩合が付きました。あの頃は富士重工だけでなく、どこの自動車会社も同じだった。そうなると、優秀なセールスマンは売れる車を持っているディーラー、つまりカローラやサニーの販売店に行くわけです。そこにいても、車を売れないセールスマンは今度、どこに行くかと言えば、三菱、富士重工、いすゞのディーラーに来るしかない。それでも、ディーラーではセールスマンの人数が足りないから、どこからか補充してこなければならない。富士重工の場合は本社に入社した新入社員をディーラーに行かせて、そこで車を売らせた。だいたい、入社から三年くらいはセールスマンでした。富士重工のような中堅以下の自動車会社が上位へ行けないようになっているのは、商品力よりもむしろ販売力が弱かったからなのです」

サニー受託生産の屈辱

富士重工が日産と提携せざるを得なかったのは販売台数が減ったからだ。一九六六年にスバル３６０のシェアは軽自動車ジャンルで四一パーセントと独走していた。それが翌年に出たホンダＮ３６０が大ヒットしたこともあって、六八年には一三パーセントにまで落ちてしまう。スバル

1000もカローラ、サニーには追いつかなかったし、バージョンアップモデルのスバルff-1もまた思ったほどの成績は挙げられなかった。そして、スバル360をフルモデルチェンジした軽自動車R-2も発売当初（六九年）こそ快走したけれど、翌年には息切れした。

スバル1000を量産するために資本金の六倍という大きな投資をしたにもかかわらず、車が売れないために工場の稼働率は下がってしまったのである。

そこで、富士重工の首脳が考え付いて、日産の経営陣に頭を下げたのが、マーケットで売れていたサニーを受託生産することだった。太田にある本工場はスバル1000のために拡張したのだが、そこでライバル車であるサニーを生産させてくださいと頼み込んだのである。空いているラインでサニーを受託生産すれば、スペースは埋まるし、また加工代金をもらうことができる。それを言い出さなくてはならないほど、当時の富士重工はカネに困っていた。

日産車の受託生産は日産が経営危機に陥り、業務提携が解消されるまでほぼ三〇年間も続いている。

受託生産とは一台当たりいくらという金額を決めて、日産のマークが付いている車を富士重工が作ることだ。ヤマハがトヨタの車を作るといった例はあったけれど、自動車会社が他の自動車会社の車を作ったのは日本では初めてのことで、そのうえ、富士重工は日産と提携した後、トヨタと提携するのだが、この時はアメリカのインディアナ工場でトヨタのカムリを受託生産している。ひとつの会社ならともかく、同じ業界の二社の車を受託生産した会社は富士重工だけだ。つまり、それくらい、自社商品が売れなくて困った時期があったことになる。自分のところに車種がなくて、その分を他社にOEM生産を頼むという例はあるけれど、空いているスペースを埋めるためにライバル社の車を生産するのは、現場の人間にとっては楽しいことではない。

そして、サニーとスバル1000の生産は同じ工場で行われた。サニーはFR車で、スバル1000はFF車だ。駆動方式も違えば、部品も違う。どちらも作ることができたのだから、富士重工の現場作業者は達人ともいえる域にあったのだろう。技術力がなければ到底、できない仕事である。しかも、現場の人間にとっては日産の生産技術を学ぶこともできた。軽自動車とスバル1000しか作ったことのない富士重工にとっては、FR車の技術を学ぶことができたともいえる。ただし、それであっても、「日産の車を作らされている」という屈辱感は残るわけだが……。

ねじの思想

大阪で生まれ、東京で育った小笠原成和は一九七二年に中央大学理工学部を卒業し、富士重工に入った。大学紛争の時代だったけれど、ノンポリで車が好きだった小笠原はそうした運動にはまったく加わらずに、ラリーやジムカーナに出走していた。

「あの頃、町で見かけた車はカローラとサニーでした。ベレットGTも走っていた。あとは日産フェアレディ。フェアレディはあこがれの車でしたけれど、非常に高価だったから普通の市民には手が出なかったです」

小笠原は車のなかではスカイラインが一番のお気に入りだった。しかし、日産は「中央大の理工学部では入れてくれるはずがない」と思ったので、第二候補の自動車会社、富士重工に入ったのである。もっとも、彼の場合は学歴よりも、父親が興銀で働いていたことが有利に働いたと思われるが……。

入社式が終わり、小笠原たち新入社員は太田の本工場で現場実習を受けた。その際、文科系の人間は三か月で済んだが、小笠原のような理科系の大学出身者は一年間、現場のあらゆる部門で働かされたのである。部品を作る機械部門、部品やユニットをアセンブルする組み立てのライン……。彼はほとんどの工程を経験した。

そして、組み立てラインではスバル1000とサニーの混流生産をやっていた。混流生産とはひとつのラインに同じ車種の車を流すのではなく、たとえばカローラとプリウスなど違う車種を流すことだ。ただし、混流生産の前提は同じ会社の違う車種を流すことである。当時の富士重工のように、他社の車を自社の車と一緒のラインで流すには部品の管理、組み立てノーハウの標準化、秘密の保持など、相当の困難があった。しかし、それでも富士重工の現場は平然と作業していたのである。

「そこで大きなことに気がつきました。部品の取り付けはインパクトレンチを使ってねじを締めていきます。タップしてある穴にねじを入れる。その時、サニーに使うねじは先っぽがとんがっているのに対して、富士重工のねじはいずれも先端が平たいものでした。先がとんがっていたら、多少、インパクトレンチを斜めにしても、びゅっと入ってしまう。ところが先が平たいとレンチを直角にあてないと入っていかない。

作業効率から言えば、サニーのねじの方が楽ですよ。ですが、富士重工は何よりも安全なんです。ねじ一本でも、とんがっているものを乗員に向けてはいけないという設計になっている。事故が起きて、なかにいる人がねじでケガをすることがある。そこまで考えているんです。ただし、両方の車を作ってみたら、うちの車は作りにくいなあと思いました」

戦前、中島飛行機に指導にやってきたフランス人技師のマリー以来の安全重視の伝統は、戦後の自動車作りでも消えていなかった。富士重工では、ねじ一本に至るまで、乗員を守る設計を行っていたのである。ただし、その分、作業には手間がかかった。手間はコストの上昇につながる。スバル1000やレオーネがサニー、カローラに負けたのは性能ではなく、やはり値段だった。安全を重視して、細部まで徹底することは製品の価格が上がってしまう結果を招いた。

小笠原たち富士重工の社員が作ったサニーは日産に納入された。この場合、富士重工はサプライヤーの立場になる。

小笠原は悔しそうな表情で「忘れられません」と語る。

「日産の子会社の担当者が検品にやってくるんですよ。そして、彼らが作ったサニーと、うちで作ったサニーを一台ずつ工場の空き地に並べるんです。担当者が僕らの車をじっと見て、『あそこが悪い』『ここがよくない』と難癖をつけて、作り直しとかいうわけですよ。僕なんか若かったから、頭に来て『いったい、どこが悪いんですか？　お宅の工場の車の方がよっぽど出来が悪い』と言おうとして前に出ていったら、上司が『お前はひっこんでいろ』と。その後、僕らはエラそうな顔をしている日産から来た検査の担当に頭を下げなきゃいかんのですよ」

小笠原の憤りは理解できる。しかし、現実にマーケットで支持されたのは日産というブランドが付いたサニーだった。安全でしかも作り込まれた富士重工の車よりも、一般ユーザーはサニーを買った。小笠原たちがいかに歯噛みしようとも、モータリゼーション時代のユーザーはリーズナブルでスタイルがいいサニーを選んだのである。

第五章　四輪駆動

初の乗用四輪駆動車「レオーネ4WDツーリングワゴン」。

東北電力からの依頼

日産サニーの受託生産が始まった一九六八年、富士重工のディーラー、宮城スバルにある依頼が寄せられた。頼んできたのは東北電力である。

「山のなかの送電線の保守作業をしなければならない。そのためスバルの前輪駆動車を四輪駆動にできないか」

新車の開発ではなく、前輪駆動を四輪駆動に改造してくれないかという依頼だった。宮城スバルにとって、東北電力は得意先だ。できうるかぎり要望に応えなくてはならない。

「やってみようじゃないか」と言ったのは当時の宮城スバル整備課長だった。彼は元々自衛隊で戦車の整備をしていた男でメカに詳しかった。改造について本社にフィードバックすることなく、ディーラーの整備担当を集めて、既存の知識と技術をもとにFF車から四輪駆動車への改造に着手したのである。

四輪駆動（4WD）車とは文字通り、四つの車輪がすべて駆動輪となる自動車のことだ。悪路、とくに雪道に強いので、利用するユーザーが多いのは降雪地帯である。

四輪駆動車の歴史は自動車自体のそれよりもやや遅れて始まっている。世界で初めてガソリンエンジンを使用した四輪駆動車は、一九〇二年に生まれた「スパイカー」で、オランダのスパイカー兄弟によって作られたものだ。前進が三速で後進が一速のトランスミッションを持ち、現代のフルタイム式4WDと基本的には同じ仕組みとなっている。その後、第一次大戦、第二次大戦を通じて、戦地の移動用として四輪駆動車は使われた。そして、一九四一年、アメリカにジープが生まれる。ジープはアメリカ陸軍の軍用車両として各社が試作したものだったが、元々はバンタム社が設計したものだ。しかし、ジープを量産したのは自動車会社としてバンタム社よりも規模が大きいウィリス、フォードの二社となる。ジープは第二次大戦中、活躍し、戦後は日本国内でも進駐軍が使っている。ただ、日本では普及したとは言えない。車体が大きく、しかも重いので操作性に難があり、乗り心地がよくなかった。また、悪路を走るだけに壊れやすく、修理しようとしても、部品をアメリカに発注しなければならなかったのである。

東北電力の保守マンたちが欲していたのは、ジープよりも操作性がよく、乗り心地もよく、そして、故障したら部品がすぐに手に入る国産の四輪駆動車だった。

さて、宮城スバルの整備課の人間たちはＦＦ車を四輪駆動にするためにジープを参考にした。しかし、最初の試みは大失敗。手作りの四輪駆動の機構を組み込んでみたら、前輪と後輪が逆回転して、車体が引きちぎれそうになったのである。その後も苦労を重ね、彼らはなんとか頑張って、やっとできた一台の試作車を富士重工の本社に持ち込んだ。

本社の開発担当が試しに乗ってみたところ、「走行性能はまあまあの仕上がりになっていたが、とにかく音がうるさかった」というのが感想だった。

その後、四輪駆動車については宮城スバルではなく、本社のスバル技術本部が直接、車体設計、サスペンションなどをすべて見直すことにした。

当時、ジープタイプの四輪駆動車は国内でも販売されていたが、女性がスカートをはいたまま乗れるような乗用の四輪駆動車は存在していなかった。そこで、技術陣は「運動性のいい、誰もが乗れる四輪駆動」を目指したのである。ただ、そうはいってものんびり開発している余裕はなかった。東北電力は「早く作ってくれ」の一点張りだったので、一年ほどで作業を行い、一九七〇年にはスバル１３００Ｇをベースにした一一台を納車した。噂を聞いて、発注してきた防衛庁にも一台の四輪駆動車を納入した。

一方、せっかく百瀬たちが設計したスバル１０００、スバル１３００は販売面ではかばかしい結果を残すことができなかったので、七一年には新車レオーネが発売される。そこで四輪駆動の改造を担当した技術開発陣はスバル１３００Ｇからレオーネをプラットフォームにしたものに変え、七二年には「スバルレオーネ4ＷＤエステートバン」を完成、市販することにした。しかし、この車も販売面ではパッとしなかった。今では「乗用の4ＷＤ」車はある。しかし、当時はまだ乗用の4ＷＤ車はスバルレオーネしか存在しなかったのである。一般ユーザーは「どうして、四輪駆動車が必要なのか」「ジープとはどこが違うのか」「得をする点はどこにあるのか」がつかめなかったのだろう。最初のうちはマーケットでは苦戦したのだった。

四輪駆動車の開発にあたった影山夙《はやし》は当時、次のような感想を抱いた。

「ユーザーは4WDだからジープのように坂を上ったり、水の中に乗り入れようとする。エンジンが壊れてしまうから、それはやめてくださいと言っても、簡単に納得してもらえないわけです。ただし、一方で4WDのよさを宣伝するためには派手なことをしないとアピールできない。ひと目で理解してもらうには階段を上ったり、水に入ったり、ジャンプしたり。営業としてはそんな派手な宣伝をするしかなかったんです」

そうして、スバルレオーネの四輪駆動車もまたスバル360、スバル1000と同じように、モータージャーナリスト、自動車評論家、他社の技術者からの評判は最高だった。

「この技術はスバルでなくてはできない」

そういう声も聞こえてきたのだが、しかし、いかんせん売れなかった。買ってくれたのは北海道、東北の雪道を使う業務の人々、もしくはスバル360、スバル1000で同社のファンになった「スバリスト」と呼ばれるマニアのなかでも、特に熱狂的な人々しかいなかった。

アウディ・クワトロとスキーブーム

レオーネ4WDは取り立てて大きな宣伝をしなかったこともあって、七〇年代は日本のマーケットでも、ごく一部の人たちの支持を得たのにとどまった。

世の中の風向きが変わったのは一九八〇年のことだった。ジュネーヴのモーターショーで、アウディが「クワトロ」と名づけたスタイリッシュなフルタイム四輪駆動の車を発表したのである。クワトロが出る以前のアウディに乗る人々はジープを買う層とはまったく異なる人たちだった。おしゃれな富裕層というのがアウディの愛好家だったのである。アウディはそういった顧客層に向けて、「うちが出した乗用の4WDはジープとはまったく違う車だ」とアピールした。

「悪路を走破するのが目的ではない。都会の道をハイパワーで走るスポーツカーだ」

ハイパワーを確実に路面に伝えるために開発した技術が四輪駆動なのだ、と訴えたのである。つまり、都市の道路でスピード感を楽しむ、しかも乗り心地のいい車として4WDを定義したのである。しかも、クワトロは量産車では世界初のフルタイム四輪駆動だった。レオーネは市街地の道路はFFで走り、悪路は四輪駆動にして走る。ところがクワトロはどこでも四輪駆動だ。それまでのジープが農耕馬のような車だとしたら、クワトロはでこぼこ道や雪の道も疾走できるサラブレッドというイメージだったのである。

クワトロという新しい定義の車に真っ先に反応したのは欧米の富裕層だった。それまで富裕層が買う車といえば、ロールス・ロイス、ベントレー、メルセデスといった車か、もしくはフェラーリ、ポルシェ、ランボルギーニなどの高級スポーツカーだった。ところがクワトロはそのどちらでもない、新しいジャンルの富裕層向け乗用車だった。ロールス・ロイスでもなく、フェラーりでもないという金持ちが「人とは違う車に乗りたい」と思った時の選択肢となったのである。

クワトロは話題となり、日本でも顧客を獲得した。そこで富士重工自体は認めてはいないけれど、同社のマーケッターは「クワトロが欲しいけれど、手が届かない」という人々を狙えばいいと考えたと思われる。レオーネ4WDはFFと四輪駆動をレバーで替える方式だったのをフルタイムの4WDとして発売した。そして、狙い通り、営業成績も上がっていった。「クワトロが欲しいけれど高くて買えない」層がレオーネ4WDを買った。これまでは業務用しか売れなかったのが、アウトドア志向でゆとりのある層が争って手に入れようとしたのである。

また、レオーネ4WDにとって追い風となったのはスキー人口の増加だった。一九八二年に六〇〇万人だったスキー、スノーボード人口はピークの九八年には一八〇〇万人にまで増加している。苗場、赤倉といったおしゃれなスキーリゾートを目指す人間にとって、最大のあこがれはアウディのクワトロに乗って出かけていくことだったが、レオーネの四輪駆動はクワトロに次いで、スキーリゾートに似合う車だった。

この後、富士重工の車はレガシィ、インプレッサ、フォレスターなどと進化していくが、いくつかの車種にはフルタイムの四輪駆動が付加された。同社の人間にとって、フルタイム四輪駆動は「水平対向エンジン」と並ぶ技術の成果にすぎない。だが、一般のユーザーにとっては、水平対向エンジンよりも、フルタイム四輪駆動がスバルにおける魅力的な個性だった。今では同業他社も四輪駆動の車を出している。だが、八六年当時はアウディと富士重工くらいしか選択肢がなかった。幸運なことにレオーネの四駆はアウディのイメージに引っ張られて売れていった。そして、クワトロ以降、現在に至るまである種のユーザーの好みは乗用車からＳＵＶ（スポーツ用多目的車）、それも四輪駆動車へとシフトしていると言っていい。

富士重工が他社に先駆けてフルタイム四輪駆動を開発していたのは、結果としては正解だった。ここで、もうひとつ、指摘できることがある。水平対向エンジン、アイサイトといった同社の核心技術はいずれも社内から生まれたものだ。一方、四輪駆動に関しては東北電力の依頼から生まれている。つまり、ユーザーが「こういうものが欲しい」とメーカーに頼んできたイノベーションだった。

現在、ＥＶ（電気自動車）、自動運転といった新しいとされる技術の確立に向けて自動車各社は必死に取り組んでいる。しかし、将来のマーケットの帰趨を握る技術は案外、ＥＶでもなければ自動運転でもないような気がする。

「これがあれば他社よりも確実に売り上げを取ることができる」

そういったイノベーションとは、スバルが四輪駆動に出合ったように、ユーザー側から湧き上がってきたものではないか。企業が考えたものよりも、ユーザーが「こんな車が欲しい」「不便を解消した車に乗りたい」と思ったものの方がかえって一般の人々に受け入れられるだろう。

第六章　田島と川合

1985年社長就任した田島敏弘（左）と1990年就任の川合勇（右）。

アメリカ進出の逡巡

レオーネのフルタイム四輪駆動がマーケットに出る前年のことだ。

一九八五年九月二二日、米国ニューヨークのプラザホテルに先進五か国（日・米・英・独・仏）の経済、財務担当相と中央銀行総裁が集まり、国際会議が持たれた。

この会議で決まったのはドル高是正に向けた各国の協調行動への合意であり、いわゆる「プラザ合意」と呼ばれるものだ。

「基軸通貨であるドルに対して、参加各国の通貨を一律一〇〜一二パーセント幅で切り上げ、そのための方法として参加各国は外国為替市場で協調介入を行う」

人為的にドル高を是正し、アメリカの輸出競争力を強め、貿易赤字を減らす。プラザ合意はそれなりの効果があったが、一方で、日本経済は急速な円高のため、輸出型産業にとっては苦しい局面になった。プラザ合意の年、一ドルは二四〇円だったけれど、二年後の八七年一二月、一ドルは一二〇円になっている。

日本銀行は円高不況を懸念して低金利政策を取った。そのため、輸出型ではない企業は急激な円高で原料が安く入手できたので、結果的には懐が潤った。消費者もまた輸入品に対して購買力が高まったため、消費が活発になり、国内景気は回復に転じた。その後も、低金利政策は続き、金融機関は余った金を貸し出しに回す。それによって、不動産・株式などの資産価格が高騰し、バブル景気へつながっていったのである。

しかし、輸出型企業の典型である自動車会社は好景気という蚊帳の外にいた。例え話になるが、二年前まで一台をアメリカに売れば二四〇万円の金が手に入ったのが、円高のため半額の一二〇万円にしかならない。いくら企業努力や節約をしても、吸収できるような金額ではないから、現地での車両価格を引き上げることになってしまう。すると、「低価格な割に品質がよかった」日本車のメリットはなくなり、とたんに売れなくなってしまった。トヨタ、日産でさえ円高に苦慮したのだから、下位メーカーの富士重工にとって急速な円高はまさに死活問題だったのである。

当時、アメリカにはスバル・オブ・アメリカという現地資本の販売会社があった。そこに赴任していた人間は事情をこう語っている。

「円高になってから販売が落ちだしたんです。それまでは年に一八万台ぐらい売っていましたから、ということは月に一万台以上なんですね。ところがこれが一万台を切り、やがて半分近くに落ちたときは、もうなんといっていいのかわからないような恐怖を駐在員が全員、感じました。これはどうなってしまうんだろうと」

こうした事情は日本の自動車各社にとって共通の問題だった。当時、どの社もアメリカに輸出することで利益を手にしていたのである。そこで、どの社も為替相場の影響を受けない現地生産に乗り出していくようになる。トヨタ、日産、ホンダをはじめとして主だったメーカーはアメリカに工場を建てることを次々と決定した。しかし、「主だったメーカー」ではない富士重工は逡巡する。

ひとつの自動車工場を建設するのは簡単なことではない。自動車工場とは工場の集積だ。つまりプレス、鋳造、鍛造、エンジン、塗装、組み立てなどの各工場を集めた工場群のことであり、英語では各ファクトリーの集積をプラントと表現する。ひとつの工場を建てるには少なくとも数百億円の金が要る。だが、富士重工の営業利益はプラザ合意のあった一九八五年で二二五億円だ。同社にとってアメリカでの工場建設は簡単には決断できないことだし、とても一度にそんな金を手当てすることはできないのである。

しかし、現地生産しなければ円高が続く限り、車は売れなくなってしまう。現地生産しても日本にとどまっていても、いずれにせよ状況は好転しない。現地生産はしたいけれど、富士重工単独で進出するには金がなく、興銀は貸してくれそうもなかった。そこで、経営陣が考えたのが他社と共同で工場を建てることだった。

革新論者、田島敏弘

「それなら他社と一緒に工場をやるしかない」

決断したのは社長（八五年就任）の田島敏弘だった。田島もまた興銀の副頭取から富士重工にやってきた。ただ、それまでの興銀出身者に比べると柔軟であり、かつアグレッシブなキャラクターを持っていた。

代々の興銀出身の経営者にとって富士重工は「二番目に大切な自動車会社」だった。いちばん大切なのは日本を代表する日産で、下位メーカーの富士重工は「つぶれないで、しかも、貸した金を返してくれればいい」会社だったのである。それもあって、日産と正面から競合するような車種の開発はさせなかった。そのため、富士重工は軽自動車とレオーネでなんとか食べていくしかなかったのである。工場の建設のような大掛かりな投資は興銀出身者が許すはずもなかった。

ところが、田島は違った。当時、まだ中堅で、後に生え抜きで幹部になった人物は言う。

「田島さんは車が大好きで、革新論者でした。まったく銀行員とは思えないほど積極的な人で、僕ら生え抜きの人間には人気がありました。『スバルはこんなことではダメだ。もっと積極的にやれ』が口癖で、それまで僕らの会社は『興銀自動車部』と呼ばれたくらい、言いなりでしたが、田島さんから、がらっと変わった。いすゞと一緒にアメリカに工場を作ろうと主張したのは田島さんです。

なんといっても、その頃は日産と提携していました。日産と一緒にやるならともかく、提携をしていない、いすゞと工場建設を始めたのです。それだけじゃない。田島さんはこれまた金のかかる新エンジンの開発にゴーサインを出しました。加えて、栃木にテストコースを作ったのも田島さんです。アメリカにあった現地資本のＳＯＡ（スバル・オブ・アメリカ）を吸収合併（一九九〇年）したのも田島さん。世界ラリー選手権に参戦したのも田島さん……」

田島は自動車屋だった。興銀で副頭取までやっていたけれど、子どもの頃から自動車が好きだったこともあって、富士重工を下位メーカーから少なくともマツダ、三菱よりも上位に持っていきたかったのである。

彼は社長室のドアをあけ放ち、「誰でもオレのところに来い」といった態度だった。それまで社長が乗る専用車は日産のプレジデントを使っていたが、田島は怒った。

「社長が他社の車に乗るのはおかしなことだ」と一喝。プレジデントよりも小さなレオーネを社長車にした。大企業の社長がレオーネのような小型車に乗って経団連ビルに入っていくのは当時、珍しいというか、場違いな行動とも思われたが、それでも田島にとってはそんなことは何でもなかったのである。レオーネの小さな車体に体を押し込めて、「オレはこの車を作っている」と仲間の経営者に営業することもいとわなかった。

ただ、そういう様子を見ていた出身行の興銀幹部たちの目は冷ややかなものだった。

「田島はあそこまで頑張らなくともいいのに」

興銀にとってはつぶれては困るけれど、だからといって、富士重工が日産のシェアを食うような会社になるのもわずらわしい。地道に、それまで通りの経営をして、貸した金の利息と元本さえきちんと返してくれればそれでよかったのである。

だが、田島が社長になってから会社は活性化した。社員にとってはアメリカ進出も嬉しかったし、栃木のテストコースも望んでいたものだった。だが、当時の若手社員に聞くと、「ほんとに嬉しかったのは新エンジンの開発」と答えた。しかも、そう答えたのはひとりではない。

当時、入社したばかりのある技術者は新エンジンの開発にゴーサインが出たことについて、こう証言した。

「レオーネは新車でしたけれど、エンジンはスバル1000をボアアップしたもの。10年以上も使ってきて、すでに限界でした。出力は出ないし、燃費も悪い。僕らはずっと『新しいエンジンを作りたい』と上層部に懇願してきたのです。そして、レオーネをフルモデルチェンジして、新車を出すならばこれはもうエンジンを変えるしかない、と。それでやっと決断してくださったのが田島社長でした」

ボアアップという改修の手法はエンジンのシリンダーボア（内径）を大きくしたり、シリンダー（気筒）の数を増やして出力を上げることだ。だが、何度も繰り返しやる改修方法ではない。しかも、ボアアップしている間、格上のライバル、トヨタ、日産、ホンダは次々と新エンジンを開発し、モデルチェンジし、新車開発で富士重工に差をつけていく。

「エンジンは中島飛行機以来、うちが得意とする」と自負する技術者たちにとって、新しいエンジンは何があっても手にしたいもの、喉から手が出るほど欲しいものだった。また、車体の性能向上も新エンジンの採用がなければ効果は少ない。業界で上を目指すのならば、どこかで決断しなければならないことだった。

「よし、やれ」

大きな投資が続いていることはむろんわかっていたが、田島はゴーサインを出した。車が好きで、車を研究していたからだけでなく、彼は現場を歩いていて、技術陣の力が落ちていくことを見かねたのだった。

続く苦難の時代

一九八七年、日産とすでに提携していた富士重工はいすゞとも業務提携し、インディアナ州ラフィエット市のとうもろこし畑のなかに年産二四万台の自動車工場を建設することにした。

新会社の名前はＳＩＡ（スバル・いすゞ・オートモーティブ・インク）。スバルの名前が先になっているのは出資比率が富士重工五一パーセント、いすゞ四九パーセントだったからだ。そして、のちのち、一パーセントでも多く出していたことが有利に働く。なお、投資額は約八〇〇億円。とても単独で出せるような金額ではなかった。

一方、生え抜き社員たちが期待した社長の田島はこの時期、アメリカでの工場建設以外にも次々と大きな投資を指示していた。レガシィという新車の開発および新エンジンの開発、栃木県安蘇郡葛生町に全長四三〇〇メートルの本格的なテストコースを作ること、軽自動車の排気量が360cc、550ccから660ccに拡大されたことを踏まえて軽自動車用新エンジンの開発、そして、フラッグシップカーの開発企画だった。いずれも前社長、佐々木定道の時代に検討が始まっていたものだったが、すべて「やれ」と決定したのは田島だった。

八〇年代後半、日本はバブルへ向けて、徐々に景気がよくなっていく。富士重工だけでなく、日本企業は大きな投資計画を打ち上げ、同時に大学卒社員を大量採用した。当然、初任給も高くなる。富士重工もまた人員を増やしたために、コストも上がっていった。

一九八九年一月、今も続く同社の看板車種、レガシィがリリースされた。それまでの車よりも大きな排気量を持ち、しかも、内容の割にはリーズナブルな価格の製品だったこともあり、日本市場、そして、アメリカ市場にも受け入れられていった。ただし、時期がよかったかと言えば、そうではなかった。レガシィが発売された時期はバブルの最中である。レガシィは排気量もアップした上級車種だったが、浮かれていた世の中の人々にとっては「地味なクルマ」と映ったのである。

当時、世の中の話題となり、人々があこがれた車はレガシィより一年前の一九八八年一月に出た五〇〇万円以上もする高級車、日産シーマだった。日銀の支店長会議の席上で、同行したエコノミストは日本人の豊かさを象徴する車にちなみ当時のハイソサエティ的な消費行動を「シーマ現象」と名づけたくらいだ。また、シーマだけでなく、トヨタのソアラ、ホンダのプレリュードなどが「ハイソカー」と呼ばれ、この三車種をはじめとする3ナンバーの車に人気が集まった。八九年、税制改正があり、3ナンバー車もとびきり高い税金を払わなくてよくなり、以前よりも格段に売れるようになったのである。

そして、ベンツ、BMWといった外国車はそれまでは富裕層が買う「高級外車」とされていたが、どちらも小さなサイズのそれが飛ぶように売れたこともあり、ベンツ、BMWの小型車は「赤坂のサニー」「六本木のカローラ」という呼び名が付いたのである。九〇年のことだが、ロールス・ロイスの全生産台数のうち、約三分の一が日本で売れている。バブルの絶頂にいたのだった。

そんな時代だったこともあり、真面目で堅実で質朴なレガシィは順調な売れ行きではあったものの、大衆にとってのイメージは四輪駆動の車、マニアが買う車といったものにとどまってしまう。思えば富士重工はレガシィしかなかった。トヨタならばソアラだけでなく、クラウンもカローラもランドクルーザーもある。どれかが売れなくとも、必ず売れている車種がある。しかし、軽自動車を除くとレガシィしかない富士重工はそれが売れなければやっていけなかったのである。

新車レガシィの苦境

一九八九年にはSIAの工場が完成し、アメリカで作られたレガシィがマーケットに出た。輸入車ではないから、為替の影響は受けない。リリース時からアメリカのユーザーが買うような価格に設定することができた。

「これでやっと苦境から脱することができる」とアメリカにいた富士重工の担当者は小躍りしたが、売れるはずの新車レガシィの数字がなかなか上向きになっていかない。おかしいと思って営業担当はアメリカ国内のディーラーを一〇〇社回り、販売実態調査を行った。すると、大半のディーラーでは、米国製レガシィを店頭に並べていなかった。販売スペースにあったのは日本から輸入して時間が経ったレオーネであり、新車のレガシィは人目に付かないところに隠して置いてあった。

「どういうことなんだ」

日本から来た営業担当は、あるディーラーを経営する中年のアメリカ人に向かって、声を荒らげた。すると、アメリカ人の答えはふるっていたのである。

「いや、ここでレガシィを並べたら、在庫になっているレオーネがますます売れなくなる。まず、レオーネを売ってから、レガシィを売ろうって思ってるのさ」

アメリカの自動車ディーラーは日本のように専売店が主ではない。フォードやトヨタを売っているディーラーが隣接した敷地でスバルやマツダを売ることが多い。そして、並べてある車は金を出せばその場で乗って帰ることができる。どこの会社の車であれ、売れる商品を持ってくる仕入れの力がディーラーの経営を左右する。

「レオーネより、出したばかりのレガシィを売ってくれないか」と頼んでも、「まずは在庫を片付けてからだ」と一蹴されてしまえば交渉する余地もないのである。日本のように自動車会社からの指示がそのまま通用することはない。こうして、米国製にもかかわらず、新車レガシィの在庫は積みあがっていった。ついには八万台もの車がSIAの工場敷地に並んだまま出荷を待つ事態にまでなってしまったのである。

車は外に置いておけば雨が降り、泥をかぶる。雨滴がレンズ効果となり、塗装も傷む。八万台をメンテナンスしながら、販売するのはコストもかかるし、大変な手間だ。長く置けば置くほど値引きもしなくてはならない。自動車の過剰在庫は自動車会社にとっては生死にかかわる問題だ。

そして、さらに事態は悪化した。在庫車がずらっと並ぶ写真が自動車業界の専門紙「オートモーティブニュース」の一面に載ってしまったのである。

そうなると悪評が立つ。買おうとしていた客はさらに値引きを要求するし、販売店は引き取りを嫌がるようになってくる。アメリカ駐在の富士重工社員にとって、アメリカ工場で作った新車レガシィは経営の足を引っ張る存在になってしまった。

富士重工のある担当者は「このまま売れなかったらどうしよう」と心配したあまり、眠れなくなり、毎晩、夜中になると日本からの自動車運搬船が沈む夢を見るようになった。それは彼にとって強い願望だった。なぜなら「船が沈めば保険金が入る」からだ。

それくらい、アメリカのＳＩＡは在庫に悩んでいた。

猛烈経営者の登場

一九八六年度の同社の売り上げは七一五七億円。営業利益は一一一億円。翌八七年度の売り上げは六六三四億円で、利益は二六億円。

同じ時期、業界トップのトヨタのそれは六兆三〇四八億円で営業利益は三二九三億円。同じく翌八七年度の売り上げは六兆二四九億円で、利益は二五〇〇億円。

プラザ合意以降の円高の影響で、自動車業界はどの社も苦しんだのだが、その後、トヨタ、日産などのトップ企業はバブル景気に合わせて高級車、スペシャルティカーを出して、売り上げ、利益を増やしていく一方、富士重工は八九年にレガシィが出るまでは七一年に初代が出たレオーネで戦わざるを得ず、販売が伸びていくわけもなかった。国内ではレガシィの発売でやや業績は良くなったが、肝心のアメリカ市場が前述のようにふるわず、販売台数は急減した。レガシィを出した八九年、富士重工はついに二九六億円の大幅赤字となってしまう。販売台数も前年度から八万八〇〇〇台、減っている。その年の同社の国内生産台数は五〇万七〇〇〇台。

トヨタのように四百数十万台の車を作っている会社ならばともかく、五九万台が五〇万台になってしまうのは大きなダメージだ。社員が会社の存亡に危機を感じる数字だった。

しかし、それでも社長の田島は強気だった。

「この赤字は一過性のものと考えている。来期は回復し、黒字に転換できる。新車開発にも通常以上の投資をしており、その効果も出てくる」

アメリカでの工場建設、新エンジンの開発など、大きな投資はすぐに効果が出るわけではない。しかも、誰もが予想しなかった円高の進展という環境の変化もあった。運が悪いと言えば悪い。だが、どちらの決断も誰かがやらなければならないものだった。長い目で見ると、同社の車がアメリカマーケットで売れていく環境を整備したのは田島だったのである。

二〇一〇年以降、同社が成長するための骨格作りをした男だったが、田島は成長を見ていない。彼は一九九五年に亡くなっている。生きている間、自分がやったことが成果をあげたのを見ることはなかったし、また正当な評価を受けることもなかったのである。

創業以来の赤字に震えたのは社内だけではなかった。

「貸した金はどうなるのか」ともっとも心配したのが興銀である。自分のところから出した社長の田島が赤字にした以上、次は大株主の日産から人材を引っ張ってこなければならない。当時、富士重工の経営トップに生え抜きの人間はありえなかった。通常は興銀出身者、それがダメだったら、提携先で大株主の日産出身者と決まっていた。

当時の興銀頭取、中村金夫が動いた。

「こうなったら、日産から川合さんをもらってくるしかない」

中村は日産ディーゼル工業の社長だった川合勇の元を訪れ「富士重工の社長になってくれ」と懇請したのである。当時、川合はすでに六八歳で、日産ディーゼルを退いたら、あとは隠居するつもりだった。

東大を出て日産に入社した川合は生産技術一筋で、追浜、栃木、九州、イギリスの工場建設に携わった。エンジニアとしてスタートしたのだが、途中からは日産の営業担当役員や経理担当もやった。生産現場のエキスパートで、しかも、営業と数字に強いというスーパーマンのような男だったのである。

実際、日産時代、上にいたワンマン社長の石原俊《たかし》は川合と久米豊のふたりを後継者として考えていたのだが、最終的に、石原は久米を選んだ。そのため八五年、日産自動車の専務から業績が悪化していたトラック会社、日産ディーゼルに出されたのである。しかし、川合は奮い立った。わずかな期間で同社を立て直し、黒字会社に変えた。興銀の中村は川合の手腕を噂に聞いていて、「再建屋」としての川合に富士重工を託したのである。

川合が社長に就任した理由としては、興銀の頭取に頭を下げられたこともある。だが、彼自身も富士重工の前身、中島飛行機に思い入れがあった。それは学生時代の体験である。東京帝大工学部航空学科在学中に学徒動員された彼は、後にプリンス自動車となる中島飛行機荻窪工場で飛行機エンジンの開発に携わり、戦後もそこで働いたことがあった。

川合は経済誌のインタビューでこう語っている。

「苦境にあって航空技術者たちの大半は離散してしまった。焼け野原のなかで毎日食べるのに精一杯で、自分の夢にこだわり続けられるような状況ではなかったんだね。僕は終戦翌年に日産に入ったんだけど、巨大企業集団の、それも民生分野に近い企業でさえ明日のこともわからないくらいだったしね。でも、その中であえて（中島飛行機系企業に）とどまった技術者たちがいた。まさにスバルの原点です」

中島飛行機の技術者を尊敬していたこともあり、川合は社長就任を了承する。田島は会長で残ったものの、実際に経営を指揮するのは川合と決まった。

続いて、川合はこうも語っている。

「中島飛行機の技術者たちが戦後、ひどい状況にあっても耐え抜くことができたのは、技術力への自負があったからだと思う。戦争中に『誉《ほまれ》』エンジンを作っていたとき、当時のエース級の技術者は言っていましたよ。『航空工学はもう欧米をキャッチアップしている。日本に足りなかったのは高分子化学や精密な加工ができる工作機械、電気工学など裾野の分野だ。この戦争ではアメリカのすごさを見せつけられているが、自分たちだってやれないことはないんだ』」

川合は不思議な因縁を感じていたのだろうし、戦後の焼け野原から立ち直った富士重工を苦境のままにしておくことは忍びなかったのだろう。

「ふざけるな、席を変えろ」

社長になってから彼はすぐ、社内に檄を飛ばした。

管理職以上を新宿スバルビルに近いホテルセンチュリーハイアットに集め、厳しい顔で現実を直視せよと机を叩いて言った。

「すべての判断基準は現状認識にある。富士重工がどういう状態にあるのか。ひとりひとり、何が事実で問題なのかを認識し合うところから適切な解決策が生まれます。表面だけを見ても、事実はつかめない。すべての面で現状認識の姿勢が必要だ」

川合の言う現状認識とは自動車製造の基本を徹底することだった。

「いい品をなるべく安く作る」

そのためには原価の管理と原価の低減が必要だ。彼は現場を歩き、原価管理を怠っていた管理職を大声で叱責した。

川合を尊敬する生え抜き社員は次のように思い出す。

「川合さんは偉かった。人員整理はしなかった。資産の売却もしなかった。その代わり、徹底的に『入るを量りて出ずるを制す』政策を取った。じつは、うちの会社は技術優先だったこともあり、現場の原価をわかる人間が幹部にいなかった。原価低減というと、協力会社に電話をかけて『安くしろ』と値段を叩くだけだった。仕入れの値段を叩けば部品原価は安くなるのですが、製品の質は落ちる。川合さんは図面にある部品が適格かどうか、その値段がまっとうかどうかまでひと目でわかる経営者でした」

川合が導入したのがVA、つまり、バリューアナリシスのシステムだった。品質を落とさずに原価を低減し、それを管理するシステムである。メーカーであれば、自動車会社ならば、当然、あるべきシステムなのだが、富士重工は前身の中島飛行機以来、新車開発には惜しみなく金をつぎ込む体質だったため、いつの間にか開発費用が増えてしまっていた。

それを川合は怒った。

同じく富士重工のエンジニアは言う。

「川合さんは社長室に閉じこもるのではなく、会社やディーラーなど、あらゆる場所に姿を見せて陣頭指揮を執るタイプの社長でした。何しろ、現場からの叩き上げみたいな人だから、ひとりで工場に出かけていって質問する。テストコースに来て試作車にも乗る。そして技術者に『スイッチ類の隙間がこんなに広かったら、女性はどうする？　爪が割れてしまうじゃないか』と指摘して怒る。富士重工のエンジニアは、いい車を作ることは考えていたけれど、ユーザーが欲しいものは何か、何を喜ぶかということについては無頓着でした。それを徹底的に叩き直されました」

また、ある幹部は「あの人でうちの会社は変わった」と言っている。

「現場のことをわかっていない幹部や管理職はバカ呼ばわりですよ。そのうえ『こんなことをやっていたから赤字になったんだ』と怒鳴られ、『この場で辞表を書け』ですよ。役員会でも一度、ありました。辞表を書け、と怒鳴って、そのまま会議室を出て行っちゃいました。あとで会長の田島さんが連れ戻しましたけれどね。でも、それほど猛烈で怖い人だったのに、現場の作業者や販売店の人には礼を尽くして、腰が低い。とても人気がある人でした。ディーラーのセールスマンを売る気にさせるのが上手でした」

川合は販売の第一線では怒鳴ることはなかった。にこにこと話しかけ、自分から頭を下げて、相手のやる気を引き出したのである。ディーラーの社長たちと顔を合わせるパーティが開かれた時、会場を下見した川合は血相を変えて怒鳴った。

「オレは上座じゃないか。ふざけるな、席を変えろ」

従来、富士重工の社長はディーラーの社長よりも上座に座るのが通例だった。だが、川合は入り口近くの末席に自分の席を持ってきたうえで、担当の人間を呼び、今度は静かに説いた。

「いいか。ディーラーの方々はお客さまだ。お客さまがいちばんいい席に座るのが当たり前だ」

そうして、彼はディーラーの社長たちの心をつかみ、全国の店舗を回った時もディーラーの従業員ひとりひとりに声をかけ、「何か問題はないか」と問いかけた。たとえば「こうしてほしい」と要望があったとする。川合はその場で本社の担当に電話をかけ、その場で答えるようにした。

前任の田島が自動車好きだったとはいえ、興銀出身の社長はそこまではしない。川合は自動車会社の人間の心理や体質をよく知る男だったのである。

川合が販売の人間のモチベーションを引き出したことで、レガシィは好調に推移した。発売当初から目標台数を突破することができた。ただ、問題はあった。目標台数は売っていたにもかかわらず、収益には貢献していなかった。つまり、売れても利益にならない新車だったのである。

原因は開発費用が高コストになってしまう構造だったことにある。川合が原価低減を唱えても、すでに開発に投じていた費用が多額だったのである。また、発売してすぐの頃は車両に不具合が起こる。手直しするには対策費がかかる。そして、不具合が続けば次第に、ユーザーから支持されなくなり、結果的に売れなくなってしまう。同社の社史には悲痛な調子でこう書いてある。

「課題は明白だった。再建を果たすためには、目前のレガシィの出血を止め、これを断ち切らないといけない。そこでまず、レガシィの品質向上とコスト構造の見直し、加えて不具合の撲滅を、収益向上に向けてのターゲットとした」

一九九〇年、世の中がバブルで浮かれていた時、富士重工の社員は憂鬱な状況のなかにいた。高級車が売れていた業界大手とはまったく違う世界にいたと言っていい。

徹底した原価低減活動

新車のレガシィが売れないわけではなかったのだから、利益を出すには構造改革しかない。原価を低減し、生産性を向上する。トヨタであれば「トヨタ生産方式」という生産性向上の文化があるから、売れ行きが落ちても利益がなくなることはない。富士重工の人間だって原価低減、生産性向上という言葉は知っていたけれど、カイゼンをやり続けるという体質ではなかった。川合は自ら先頭に立って、徹底的な認識と実行を部下に命令、強要したのである。

まず、手を付けたのは品質の向上である。開発したクルマを量産する場合、ひとつの部品の不具合が他の部品に影響を与える。

「量産しても品質を維持できる部品を使う」

「ラインのなかで品質を作り込む」

「検査過程で不具合のあるものはすべて出荷しない」

品質の向上とは基本的なことを守ることにある。川合は生産現場に行って、チェックした。幹部と会議をするだけでは、品質向上の文化ができるとは考えなかったからだ。こうして、川合が目を光らせたため、初代レガシィのクレームは三年後には半減し、二代目レガシィではクレームが初代の時の五分の一にまで減った。その分、対策費がかからなくなり、コストが低減できたのである。

次に手を付けたのは設計段階の原価低減だった。

一九九〇年の秋に社内に自動車部門経営対策会議というものができた。同社はバス、産業機械、飛行機部門を持っていたから、自動車部門と名前はついていたが、実質的には売り上げの過半を占める乗用車のコストを抑えるための対策会議である。マイナーチェンジを控えたレガシィだけでなく、軽自動車のレックス６００（新規格車）、さらにはバンタイプのサンバー６６０も含めた、全車種の開発、量産コストを安くすることが目的だった。

川合は席上で、何度も「ＶＡの徹底」を唱えた。

「品質を落とさず、部品を作る。協力会社を泣かすな。知恵を使ってコストを抑制しろ」

知恵とはつまり、部品の共通化、設計の仕様や材料の見直しだ。そして、協力会社の社員にもＶＡの提案をつのった。

「いい車だからこれくらいのコストは仕方ないじゃないか」という考え方を排除したのである。

その後のＶＡの歩みは次のようになっている。

①九一年からは購買本部が中心となってＳＰＳ（スバル・プロダクション・システム）活動を始めた。また、原価企画部が開発車を対象にＭＣＩ（ミニマム・コスト・インベスティゲーション）活動を開始する。前者は協力企業の生産性向上を支援する活動であり、後者は特定の部品を対象にコストを最小にしようという活動だ。

②九四年からはＳＣＩ（サイマル・コスト・イノベーション）活動が始まった。前述のＭＣＩとＳＰＳを包括し、さらに全体のＶＡを進めていくコスト低減を進化させた社内運動である。

必死の活動を行った結果、この時期以降、富士重工の量産車は必ず利益が出る形で市場にリリースされていくようになった。それまでは要するに、「これだけ使わないと新技術の車はできないんだ」という開発陣の主張が通っていたのである。だが、危機のなかにいると、人は態度を変えざるを得ない。開発陣の声は小さくなり、一方で、社内の他の部署からはコストの低減に関して多くの提案があった。提案が通り、設備投資、試験研究費、経費などにも適用されていった。社員の意識は徐々に変わり、「コストを抑えて利益を出す」ことを考える文化が生み出されていった。

一方、川合は足踏みせず、ますます改革を進めていく。九一年から本社の管理職をディーラーに出し、車を売らせた。それまでも一般社員がディーラーでセールスをしたことはあった。だが、川合は「管理職にも販売現場に出てもらう」と決めたのである。

悲壮な覚悟でスピーチをし、彼は管理職を送り出している。実際に涙を流しながら、彼は声を振り絞った。

「無理に出向をお願いするが、みなさんだけに汗水を流してもらうという考えはまったくありません。残った人たちも大変になるだろうし、役員も、近いうちには私も出向しなくてはという気持ちでいることを理解してほしい」

自動車業界では本社の部長、課長が販売店に行って、セールスを行うなんてことは前代未聞のことだった。業界他社の幹部は「考えられないし、うちでは絶対できない」と首を振った。もし、同業他社で同じことをしたならば、管理職は拒否するか、もしくはやめてしまっただろう。

川合がやったことは生産現場、販売、事務の人間に至るまでの意識改革である。

「技術の中島飛行機、富士重工という意識ではいけない。お客さまを見て金を儲けることを考えろ」

彼が繰り返し教えたのはそういうことだった。

猛烈な改革が始まって四年が経ち、ようやく結果が出た。

九四年には年間販売台数が過去最高の三五万七六〇五台（国内）となる。売り上げは八三〇〇億円、営業利益が一三二億円で経常利益で二八億円。川合が死に物狂いで社内を督励した結果、ようやく黒字に転換することができた。なんといっても四年前の九〇年には経常利益がマイナス六三六億円だった会社だ（売り上げは七五〇〇億円）。

四年間で利益が八〇〇億円も増えるなんてことは、一種の奇跡だ。結局、企業の成長は経営者にかかっている。自分の任期の間、前年度より少しでも売り上げが伸びていればいいと思っているサラリーマン経営者では、立て直しなどできない。他人にも自分にも厳しい川合が怒号を飛ばし、社内を引き締め、休みの日も朝から晩まで働かなければ会社は伸びていかない。ただし、川合は社内にも社外にも敵を作った。それが後に彼を不幸な立場に追い込んでいく。

車はどうやったら売れるのか

「価値のあること、それも新しいことや今までにないことに挑戦する者は、それに伴う壁を乗り越える気概や野心を持たなくてはならない」

これはゼネラルモーターズ（GM）の社長、アルフレッド・スローンの言葉だ。スローンはGMの草創期、経営難に陥った同社を立て直した経営者として名高い。川合のやったことの先駆者だ。スローンの著書『GMとともに』は経営書の古典で、マイクロソフトの創業者ビル・ゲイツが「最高傑作」と絶賛している。

そんな彼がやったことが既存の車を毎年モデルチェンジして、新車に仕立てるマーケティング手法、そして、低価格の車から高価格の車へとユーザーを誘導する作戦だ。前者は車体のデザイン、塗装、ライトやシートなど一部部品の変更で車をリフレッシュさせて、購買意欲を募る。二年から四年で新車を出し、一年経つとマイナーチェンジをする。後者は「車格が少し上のクルマ」を並べて、ユーザーの消費意欲をくすぐる。カローラから入門して、コロナ、マークⅡ、クラウンへとユーザーを誘導するといった手法である。

このふたつは、一九五〇年にアメリカの自動車雑誌『モーター・トレンド』が始めた「カー・

オブ・ザ・イヤー」の制定とともに、自動車業界のマーケティング手法としてはもっとも成功したものといわれている。そして、モータリゼーションの時代には世界各国の自動車会社がスローンの手法を真似た。

また、ここが川合と似ている点だが、スローンはディーラーの販売員にやさしい男として知られ、ただし、指導は徹底していた。

「ディーラーの従業員は丁寧にお客さまに接すること」

セールスマンにスーツを着せ、髪の毛も整えて、客と話をするよう教えた。ディーラーの接客手法の基本形を作ったのが彼だった。

結局、川合がやったことも基本の徹底だった。なるべく安く、いい車を作り、それをセールスマンがきめ細かい接客手法で売る。

それまでの富士重工には「いい車だから、売れるに違いない」という作り手本意の傲慢な考えがひそんでいた。川合はその体質を叩き直し、「いい車だから、売れるのではない。客が買いたい車だから売れるのだ」と叫んだ。そして、買いたくなるような車を開発し、買いたくなるような販売店の環境づくりをした。とても単純なことだったけれど、社内の文化を変えるには怒ったり、なだめたり、やさしく説いてみせたりという老練で柔軟な態度が必要だったのである。そして、サラリーマン経営者は絶対にそこまではやらない。

また、川合が改革を始めてから、自動車を巡る環境も変わった。

モータリゼーションの時代までは、テレビ、ラジオ、新聞、雑誌といった既存のメディアで大量宣伝をすればよかった。大量宣伝をすれば車を買いたい人々は休日になると、家族で販売店に姿を見せたからだ。

しかし、バブルが崩壊してから状況が変わった。争うようにクルマを買っていた人々が乗り換えを躊躇するようになり、同じ車で車検を受けるようになった。メディアを使った大量宣伝、自動車業界の専門家が書いた試乗記が効果を表さなくなった。現在では自動車業界誌そのものが退潮し、数も減り、専門記者も少なくなってしまっている。

では、バブルが崩壊した後、一九九〇年代から、自動車会社はクルマを売るために何をやってきたのか。それは効果的と言えるものだったのか。

現在、自動車会社が活用しているメディアはインターネットだろう。ウィンドウズ95でPCが一般化し、その後、スマホを持つようになると、自動車各社はウェブ上で広告宣伝を打ち、ユーザーに迫るようになった。ユーザーとしてはそれまで店頭に行かなければ買いたい車を比較検討することができなかったが、今ではどこでもスマホで選ぶことができる。その結果、どの会社でも、「どうして、この車を知りましたか?」と訊ねると、九九パーセントが「ネット経由」と答えるまでになっている。

では、あらためて考えてみる。クルマを売るためにはSNSなど、ネット上のさまざまなメディアを使えばいいのか。そうしたら、クルマは売れていくのか。

ネットに限らず、メディアにできるのは「商品を知らせる」ことだ。買う気にさせる第一歩ではあるけれど、それだけでは客は商品を買わない。消費者が「これを買おう」と決断するには、どういった商品であれ、次の三つの条件が整っていなくてはならないのではないか。

サービス、フレッシュ、口コミ

「どうしたら車は売れるのか、どうしたら車を買いたくなるのか」を知るために三人の販売をよく知る人に話を聞いた。その内訳はナンバーワンセールスマンがふたりと残りのひとりは何台も車を所有する客である。セールスマンはロールス・ロイスとメルセデス・ベンツを売る男。客は日本人ではなく、中国の深圳にあるトヨタディーラーで出会った中国人だ。興味深いのは、三人が三人とも、まったく同じ話をしたことである。

車を買いたくなる三つの条件の筆頭はサービスの重要性である。実は商品の力よりも、今はサービスがよくないと、人は買わない。では、ここでいうサービスとはどういうものなのか。

ふたりのセールスマンはこう概括した。

「高級車も大衆車も売り方はまったく同じです。高級車だからといって売り方は変わりません。要はサービスです。自分を信頼してもらうこと。そして、相手が不便だなと感じる商品を売らないこと」

ふたりのうち、ベンツのセールスマンは飛び込みセールスをしていた。一軒ずつ、ベルを鳴らして「話をさせてください」という古風なセールス方法である。応答がなかった場合は名刺にひと言書いて、ポストに投函する。かつて日本中のあらゆるセールスマンは同じことをしていたが、今ではもうそういうセールス方法を取っている人はいない。

彼は二〇〇軒、訪ね歩いたうちのひとりから「パンフレットを届けてくれないか」と連絡があり、すぐにパンフレットを届けに行ったところ、買ってくれたことが何度かあったと言った。家を見て、とてもベンツを買うようには見えなくても、必ず名刺とパンフレットを置いた。そして、連絡をもらったら、何をしていても、夜中でも、飛んでいった。相手の便利だけを考えた。

ロールス・ロイスのセールスマンはショールームに誰か入ってきたら、その人が若くても、カジュアルな服装をしていても、きちんと挨拶して、車について話をした。同僚が「あんな学生に話をしても無駄だ」と言っても、彼は愚直にセールスした。結果として、学生はロールス・ロイスは買わなかったが、卒業後、医師になってからフェラーリを買いにやってきた。父親はベントレーを買った。親戚のおじさんはロールス・ロイスを注文した。彼は相手を見かけで判断しなかった。相手の立場に立った。

ふたりはサービスの達人だ。しかし、ふたりはたとえレガシィを売るとしても、同じことをやっただろう。

そして、中国で会った車好きの客はこう言った。

「車の性能はどこも同じです。デザインだってそれほど変わりません。私は車を買うときは販売店のサービスがいいか悪いかで判断します。サービスとは例えば故障しないことであり、ディーラーに車を持っていった時に待たされないこと。不便なことを我慢して、商品を買うことはありません」

今、客が望むサービスとは笑顔とか直角に頭を下げる挨拶ではない。嘘を言わない人から、客の便利を第一にする人から、彼らは買う。そして、いかに客が不便に思っていることをなくしてくれるかがサービスだと感じている。

サービスが必要なのは車の性質がまったく変わっているからだ。電子キー、カーナビにとどまらず、現在の車は電子装置のバージョンアップがなくては動かなくなっている。

飛行機は一度飛んだら、整備しないと飛行できない。今の自動車も飛行機に近づいているから販売店での整備が必要になっている。特にコネクティッドされた車は、車の状態を把握することができるから大きな故障が起こる前に整備工場に入庫しなくてはならない。販売店、整備工場のサービス力が車の状態を保つのである。

二番目は商品力だ。売れる商品には共通の特徴がある。ただし、いい商品という意味ではない。いいものだから売れるということはもはやない。スバル１０００は名車だった。だが、売れなかった。

売れる商品とはつまり、「フレッシュな」それだ。

福島県に本社のあるハニーズは若い女性向け衣料品のＳＰＡ（製造小売）である。売り上げは五〇〇億円近く、中国に店舗数が多い。社長の江尻義久はバイヤーとしても鳴らした男である。

江尻は言った。

「色がきれいだから服が売れるわけではない。生地がいいから売れることはない。安いからといって売れないし、ブランドだから大丈夫ということはない。

売れる商品とはフレッシュなもの、フレッシュな印象を持つもの、フレッシュな人が売っているもの、それだけです」

たとえば、新車はそれ自体がフレッシュだ。新車は価格に関係なく売れる。モデルチェンジした車はフレッシュな印象を持つ。だから売れる。それ自体がフレッシュでなくとも、印象を付け加えることはできる。では、フレッシュな印象の人とはどういう人のことか。新入社員のことではない。

他の人がやらなかったフレッシュな手法で売る人のことだ。

クラフトビール業界のトップ、ヤッホーブルーイング社長の井手直行にはこんな体験がある。

「誰もクラフトビールを認知していなかった。それでも売らなきゃならなかった。酒販店に行って試飲をしてもらったり、メディアに記事を書いてもらったり……、業界大手がやっていることと同じことを全部やってみた。しかし……、まったく売れなかった。こうなったら、あとは自分たちが面白いと思うことをやろう。缶ビールを携えて旅に出るお客さんに『缶ビールと一緒の写真を撮って送ってください』と言って、ビールと旅の写真を集めて写真展を開いた。

ボランティアで植樹をして、その度にビールを飲んだ。それをSNSで拡散した。

うちのビールを置いてもらえる店が少なかったから、『ヤッホーのビールを探せ』という企画をネット上でやった。そうしているうちに、あの人たちは面白いと言われるようになった。面白い人たちが作っているビールを飲んでみようということになったのです」

面白い人たちというイメージは老舗四社しかないビール業界ではフレッシュだった。ヤッホーブルーイングのマーケティングはフレッシュだから、商品は売れた。そうして、ヤッホーブルーイングはクラフトビール業界でトップを独走している。

商品力とはすなわちフレッシュなことだ。売れる車とはフレッシュなものであり、それをわかっている人たちのマーケティング手法ならば当たる。

サービスがよくて、商品力があって、そして、最後に必要な条件が口コミだ。特に中国では口コミが重要だ。

深圳の客は言った。

「あなた自身はメディアのことを信頼するのですか。どんな人でもメディアよりも、自分の友だちを信頼します。その友だちがすすめる商品を買うのは当たり前のことです」

モノの買い方は変わった。自分が欲しいものはいくらくらいで、どこに売っているかをたいていの人はまず検索する。その次はSNS上で発信する。

「今度、ファミリーカーを買いたいけれど、何がいいのかな」

SNSでつながっている友人知人、車を買ったことのある人がすぐに「これがいい」とか「この車はダメだった」と情報を寄せてくれる。買う方は情報を寄せてきた人間のキャラクターや信用度合を勘案して乗る車を決める。

メディアの宣伝情報やタレントやスポーツ選手がいくらすすめていても、「よし、これを買おう」という人はすでに存在しないと思った方がいい。

サービスのよさ、フレッシュであること、そして、口コミ。この三つの条件がそろった時、商品は売れる。

そして、富士重工のクルマは川合が行った改革で売れるようになった。川合はまだまだ陣頭に立って奮闘するつもりでいた。しかし……。

実力会長の贈収賄事件

富士重工は一九九四年に黒字に戻り、九五年にはさらに好業績になった。その後も社業は安定し、九八年の一一月七日には創業者、中島知久平の没後五〇年を記念して、地元の太田で「中島知久平翁を偲ぶ会」を大々的に開くことができた。

沈滞気味だった社内のムードも大きな赤字から脱却し、さあ、これからだという雰囲気になっていったのである。

ところが……。

中島知久平翁を偲ぶ会からわずか一〇日あまり後の一一月一九日早朝のことだった。

新宿にあった富士重工の本社、スバルビルに東京地検特捜部の係官二〇人が家宅捜索に入り、役員、管理職、一部社員の手帳や日報までが押収された。まったく突然のことで、社員は何のことかさっぱりわからない。さらに、翌日には群馬、宇都宮の工場にも家宅捜索が入った。

本社家宅捜索から一週間後の二六日には航空宇宙部門の元役員（専務・小暮泰之）が逮捕される。当時、川合は会長になっていて、社長は同じ日産から呼んだ田中毅だった。しかし、社員が代表者と認識していたのはあくまでも実力者の川合である。

「いったい、何があったんだ」と社内が疑心暗鬼に陥っていた一二月一日、川合も東京地検特捜部に逮捕されてしまう。一部上場の自動車会社トップが現役のまま逮捕されたのはその当時は史上初めてのことだった。ふたり目は日産のトップだったカルロス・ゴーンである。川合は留置されたまま否認していたが、責任を感じたこともあって二二日に会長を辞任した。

彼にかかった容疑は公務員に対する贈賄罪だった。収賄側として逮捕されたのは防衛政務次官をやっていた衆議院議員の中島洋次郎。中島飛行機の創業者、中島知久平の孫にあたる。

経緯は次のようなものだ。

飛行機部門を持っていた富士重工は海上自衛隊に救難用の飛行艇US-1Aを納入していた。しかし、飛行艇の機体すべてを製造していたわけではない。担当していたのは機体の一部であり、主契約会社は飛行艇の専門企業、新明和工業だった。同社の前身は川西航空機、創業者は中島知久平とたもとを分かった川西清兵衛である。そして、新明和と富士重工など各社は同機の離着水時の操縦性や洋上救難能力を向上させた次期救難艇の研究をしていた。研究に本格的に予算が付いたのが一九六九年。主契約会社は新明和工業で川崎重工、富士重工、日本飛行機の三社が協力会社である。

容疑は、「富士重工が機体の製造分担を有利な箇所にしてほしいと防衛政務次官だった中島洋次郎に請託した」というものだった。その際、渡したとされる報酬は五〇〇万円。新聞紙上には「川合、小暮、中島の三人は捜査段階で容疑を認めた」と報道された。

だが、裁判になってからは全員が無罪を主張したのである。

しかし、なぜか中島洋次郎だけは途中から否認をやめ、容疑を認める。実は中島は贈収賄だけでなく、政党助成法と公職選挙法違反でも起訴されていた。弁護士から「三つの罪をすべて否認すると、執行猶予が付かない」と示唆され、収賄だけを認めて執行猶予を付けてもらうことを狙ったのだった。ところが、案に相違して、中島はいずれの罪でも有罪になり実刑判決が下った。ショックで精神不安定に陥った中島は保釈されていた間に、自宅で首をつり自殺してしまう。

そうなると、窮したのが川合と小暮だった。中島が「金をもらった」と言って、死んでしまったのだから反論はできない。ふたりがどう戦っても無罪にはならなかった。

結局、八年続いた裁判は二〇〇六年に結審する。上告は棄却され、川合は懲役一年六か月、小暮は一年二か月となり、それぞれに執行猶予三年が付いた。

判決が決まった時、川合は八三歳だった。飛行機にあこがれて東大に入ったのに、戦後、航空機開発ができなくなり、自動車会社の日産を選んだ。生産技術で頭角を現し、営業、商品開発を経験した。だが、社長争いに敗れて、赤字会社だった日産ディーゼルへ派遣される。やっとのことで再建を果たし、川合の功を認めた興銀から招かれて富士重工の社長に就任する。ここでもまた彼は現場に行って、生産性を向上させ、赤字を立て直し、現場のモチベーションを上げた。

同社の柱となる車、レガシィは田島が社長だった時代に開発が始まったものだったが、売れるようになったのは二代目モデルからで、レガシィに魂を吹き込んだのは川合である。川合はレガシィの車体デザインをがらりと変える決断をしている。

「チーフデザイナーをオリヴィエ・ブーレイに頼もう」

オリヴィエはメルセデス・ベンツなどを手がけてきた有名デザイナーで、彼に二代目モデルをデザインしてもらったのである。「技術は一流だけれど、デザインが今ひとつ」とされていた富士重工の車はオリヴィエのセンスで生まれ変わった。真面目で朴訥なスタイルから、ベンツ風、フォルクスワーゲン風のグリルデザインに変わり、高級車に見えるようになった。

細部までに口を出し、会社を立て直した川合だったが、創業者の孫に振り回されて、会社を追われた。考えてみればいい。川合は自動車分野のことならわかるけれど、航空機分野のしかも飛行機の製造分担のことまできちんと認識していたのだろうか。そんな専門分野のことまで会長が把握し、「金を渡せ」と言うのだろうか。

しかし、それでも事件があった時、会社の代表として罪に問われた。

こうして田島にせよ、川合にせよ、石もて追われるごとく同社のヒストリーからは消された。田島は大赤字の張本人だし、川合は逮捕された経営者だからだ。

だが、よく考えてみると、その後の同社の成長の土台を築いたのは紛れもなく、田島と川合だ。なかでも、川合は富士重工を愛した。もっとも会社を愛した人間が、会社にかかわったことで、罪人とされてしまったのである。川合は基幹事業の自動車の立て直しに夢中だった。航空機事業とはいっても救難艇の一部の契約を獲得するために代議士に金を持っていこうなんてことはさらさら考えていなかっただろう。

ただし、彼の逮捕はイメージダウンだった。実力会長が贈収賄事件で有罪となったのだから、幹部たちもメディアの取材に対しては口を閉ざすしかなかった。

第七章　業界の嵐

初代「レガシィ・ツーリングワゴン」。

GMとの業務提携

川合が逮捕された翌年の一九九九年、日本の自動車業界に衝撃が走った。二大メーカーのひとつ、日産がフランスのルノーの資本参加を受け入れ、事実上、傘下に入ったのである。ルノーは戦前からの老舗メーカーだったが、第二次大戦後、敵国ドイツへの過大な協力を指摘され、ドゴールの行政命令で民間会社から公団にされた。フランス人の間には、「昔はナチに協力したメーカー」というイメージがまだ残っている。老舗ではあるけれどフランスを代表するメーカーとは思われていない。ルノーが公団を脱し、完全に民営化されたのは九六年のこと。民営化されたため、経営陣が自主的に判断できるようになったので、経営が傾いた日産を手に入れることにしたのである。

九〇年代後半、自動車業界では再編が進んでいた。九六年にはフォードがマツダへの出資比率を引き上げ、日本の業界で初めての外国人社長、ヘンリー・ウォレスを派遣した。

わたしはウォレスにインタビューしたことがあるけれど、「ヒロシマとトウキョウは違うんだね」と言っていた。広島に住むことに戸惑っているようだったし、日本のことはよくわかっていないようだった。結局、ウォレスは翌年には社長をやめて帰国してしまった。

九八年にはダイムラー・ベンツがビッグスリーのひとつ、クライスラーを吸収合併した。同じ年、トヨタはダイハツへの出資比率を上げた(二〇一六年には完全子会社にしている)。そうしたなかで、日産はルノーに経営判断を託さざるを得ない状況になった。

そうなると、日産から来た社長が続いていた富士重工はどうなるのか。

川合の後を継いだ田中は出身母体の幹部に「富士重工はどうすればいいのか」と単刀直入に相談した。すると、日産の答えは「御社の将来は自分たちで判断して決めてください」だった。

独立している会社なのだから、考えてみれば当たり前のことだが、それまで富士重工は社内から経営トップを出したことがなかった。興銀出身者と日産出身者が経営トップに就くことが慣例になってしまっていたのである。田島と川合のふたりだけは会社の将来について判断ができたが、結果から見れば他の経営者は富士重工の遠い未来を考えていたとは思えない。

もっとも富士重工に入社した生え抜きの人間も遠慮しすぎていた。なぜなら筆頭株主といっても日産の持ち株は四・二パーセント、興銀は四パーセントしかなかった。二社合わせても一〇パーセントにも届いていないのである。それなのに、両者からトップを派遣してもらっていたのは生え抜きの人間たちが興銀と日産の意思を過剰に忖度していたからだろう。

ともあれ、将来を自分で決めなくてはならなくなった富士重工は日産に代わる提携先を探すことにした。とはいっても、大手はすでに提携しているところが大半で、残っていたのはゼネラルモーターズ(GM)くらいのものだった。富士重工はGMと業務提携し、次にGMと提携していたスズキとも手を結んだ。こうして、一応、進路は決まった。

だが、業界を取り巻く環境はその後も変転が続いた。結果的に富士重工は長くＧＭと提携することはできなかった。ＧＭの経営が悪化してしまったからだ。だが、提携した頃の富士重工幹部はそうした近未来を想像することはできなかった。富士重工は世界の自動車各社のなかで、もっとも規模が小さな自動車会社だ。各社の経営情報を詳しく把握できるわけがないから迷走せざるを得なかった。結局、富士重工が生き残っていく方法は、その場その場で絵を描いていくしかなかった。

アメリカへ行かなくては生き残れない

二〇〇一年、社員にとって安心材料となったことは竹中恭二が社長になったことくらいだった。大学を出てから富士重工に入った竹中は同社初代と二代目社長以来の久しぶりの生え抜きだった。興銀と日産出身の社長が続いた富士重工が「自分たちの代表」をトップに戴いたのは社員たちにとっては目標ができたことでもあったのである。

しかし、竹中に代わっても、車の売れ行きは伸びていかず、すぐには業績はよくなっていかなかった。翌〇二年にはインディアナの工場でともに車を生産していたいすゞとの提携が解消となり、いすゞは撤退。工場スペースの半分が空いてしまった。空いたからといって、富士重工の車を増産することはできない。売れていれば別だけれど、増産しても、ユーザーが買わなければヤードに在庫が溜まるだけだからだ。

自動車業界は動いていた。各社が生き残りをかけて新車を出す。そのなかで富士重工は「いい車を作れば売れるに違いない」という信念だけでやってきた。いつの時代も業界の関係者は同社が開発した新しい技術をほめてきた。――スバル1000、水平対向エンジン、そして、四輪駆動の技術、安全に対しての技術……。

富士重工もまたつねに技術をアピールしてきた。しかし、戦後、業界では最後尾が定位置で、なかなか浮上できない。何度も、つぶれそうになったけれど、なんとかもがいて、切り抜けて、生き残ってきた。

しかし、業界再編の時期、そして、その後はもはや「いい車を作れば売れる」といったシンプルな考えだけではやっていけなかった。思うに、日産からきて社長になった川合が直面した大赤字の時期よりも、この時の方が富士重工にとっては大きな危機だったのである。

ただ、同社がまだ天運に恵まれていたのは、この時期に会社の内部から「改革」の声が上がったことである。

森郁夫と吉永泰之という、どちらも後に社長になる若手が「長期的な視野で会社の体質を変えよう」と周りに働きかけ、上層部に建白したのだった。

「死に物狂いで改革しましょう。いい車を作るだけではダメです。そして、うちみたいな小さな会社は弱みを補うことを考えるよりも、強いところを伸ばすんです。弱みはもう捨ててしまいましょう」

若手が目を向けたのはアメリカのマーケットだった。日本ではこれ以上は売れないとわかった。仮にヒットが出たとしても、人口は増えていかないのだから、大きくは成長しない。それなら、いっそ……。

「僕らはアメリカへ。アメリカを向いて仕事をするしかないんです」

それぞれのメンバーはそう思っていた。若手のエネルギーで富士重工は進路を変えようとした。日本のマーケットよりも、アメリカ市場に寄り添っていくことを勝手に決めたのである。考えてみれば相当に大きな改革なのだけれど、当時、上層部が頑固に「お前たちは間違っている。日本が大切だ」と言い張ったふしはない。森、吉永という後に社長になったふたりがとりわけ強烈な個性を持っていたとも言い難い。幹部も社員も「アメリカへ行かなければ生き残れない」とそれぞれが自覚していたのだろう。なんといっても、この決断はスバル360の開発、工場の新設などよりも、大きなもので、会社始まって以来の、その後の運命を決めるものだった。

第八章　アメリカ

米市場で好評を博したSUV「レガシィアウトバック」。

「アメリカの会社になった」

スバルの世界販売台数（二〇一七年）は一〇六万台。うち、国内販売は軽自動車を合わせて一六万台だ。つまり、残りの九〇万台はすべて海外で、うち、アメリカが六七万台となっている。そのうちインディアナ州の工場で現地生産した分が三〇万台で、残りは日本から輸出している。スバルの群馬にある工場を訪ねて、組み立てラインを見学すると、作っている車の半数以上が左ハンドルだ。

アメリカにおける生産現場はインディアナ州にあるけれど、販売など事務部門、スバル・オブ・アメリカ（SOA）の本社があるのはニュージャージー州のチェリーヒルだ。ニュージャージー州と聞くと、ニューヨークの隣にあると思ってしまうけれど、チェリーヒルからもっとも近い都市はフィラデルフィア。空港もフィラデルフィア空港を使う。

富士重工が「アメリカ市場で生きていく」と決めて、その中心として働いてきたのがトーマス・J・ドール。現在はSOAの社長で、すでに四〇年近く、同社で働いている。

社内や業界を問わず、知人、同僚は彼を「トム」と呼び、ミスター・ドールと声をかける人間はひとりもいない。人懐っこい男で、日本語もわかる。しかし、日本語をしゃべるのは上手ではない。

フィラデルフィアで生まれたトムは市内にあるドレクセル大学を一九七七年に卒業し、その後、会計士事務所に入った。だが、五年もすると、「この会社で幹部になるのは難しい」と考え始める。転職を考え、地元にある優良企業を探していた時、スバル（富士重工）が目についた。当時のスバルは、日本から輸入した車を売る販売会社だった。しかも、日本の本社の資本は入っていなかった。ただ、アメリカでは上場していたので、トムは「堅実な会社だ」と考え、入社したのである。

「あの頃、スバルのよいところは地元の企業だったこと。それになんといっても車の評判が最高だった。また、私は個人的にこれからは日本車の時代だと思っていました。日本車はトヨタも日産も、何しろ燃費がよかったし、壊れなかったからここに入ると決めたんです。それが一九八二年のことです」

当時、アメリカのマーケットは全体で年間八〇〇万台の車が売れていた。そのうちスバルはたった一五万台。しかし、四輪駆動という特色が雪が降る地区の人々の心を引きつけたのである。

「スバルが売れていたのはアメリカの北東部、北西部、そして、ロッキーマウンテンの山岳地帯といった場所でした。まったくのリージョナルブランドだったのです。現在では降雪地帯だけでなく、シアトル、ニューヨーク、フィラデルフィアといった大都市にカスタマーが増えていますが……」

アメリカにおけるスバルのイメージとはアウディのクワトロと同じカテゴリーのおしゃれな四輪駆動の車といったものになっている。なにしろシアトルではシェアが一〇パーセント。一〇台に一台がスバルだ。

入社したトムはすぐに厳しい状況に直面した。一九八五年一ドル三三〇円だったのが、プラザ合意で二年後には九〇円になった。いったい、どういう状況かと言えば、たとえば、日本のスバルが一台五〇〇〇ドルでアメリカに卸したとする。一ドルが三〇〇円だったら、日本が受け取るお金は一台で一五〇万円。ところが、一ドルが一〇〇円になったら、日本が受け取る代金は五〇万円になってしまうのである。

それでは日本側はやっていけない。それまでの売り上げを確保するために卸し価格を三倍に上げざるを得ない。だが、アメリカのスバルは昨日まで売っていたものと同じ車の価格を「為替レートが変わったから」といって、突然、三倍にすることはできないのである。まさしく極端な円高だった。

むろんトヨタ、日産といった他の日系自動車会社も状況は同じだ。だが、彼らがアメリカに持っていたのは本社の資本が入っている現地法人だったから、売る側と仕入れる側で車の販売価格を抑える施策を取ることができた。ところが、別法人だったスバルの場合は日米間で価格について上手に調整することができなかった。

「あの時は最悪でした。結局、毎月、少しずつ車の価格を値上げせざるを得ない。スバルのイメージはよかったのですが、あまりに価格が上がってしまったために、八六年に一八万台売れていたのが、九〇年には一〇万台に落ち込んでしまいました。その後、アメリカの販売会社を日本の完全子会社にすることで、価格調整をしたのですが、その頃には親会社が苦しい状況になってしまいました。

九〇年から九五年までは台数が落ち込んだままで、アメリカの業界では、『スバルは撤退する』という噂が流れました。いや、ほんとにつらかったけれど、私には家族もいましたし、やめることはできませんでした。できることといったら、在庫を調整することと、なるべくフリートに回さないよう、販売店を説得することだけでした」

アメリカでは法人向けに卸すのを「フリート販売」と呼ぶ。ただ、実態は法人といっても、レンタカー会社に卸すことだった。レンタカー会社は買い叩くから利幅はほとんどない。ただし、販売台数を稼ぐことができる。そして、レンタカー会社は仕入れた車をすぐにオークションに出してしまう。程度は悪くないけれど価格は非常に安くなる。すると、客は新車で買うよりも、フリート販売でレンタカー会社に流れた新車を狙うようになる。つまり、フリートに大量の車が流れると、販売会社は新車の価格を下げて売らなくてはならないようになるわけだ。フリート販売に頼ると、新車の販売価格が下がってしまい、結局、会社は苦しくなる。

トムは言った。

「九四年にレガシィのアウトバックというモデルが出ました。当時、SUVがアメリカの市場で人気を集め始めたのです。レガシィワゴンの車高をほんの少し上げて、それからクラッディングをしました。クラッディングとはタイヤのホイールハウスに樹脂のプロテクターを付けることです。そうすると見栄えがよくなる。SUVは不整地、舗装されていない道路に入っていくので、車体にクラッディングが必要だった。それでレガシィアウトバックは大人気になりました。私はレガシィのアウトバックが売れたことで日本の幹部の考えが変わったと思います。彼らは日本で企画した車をアメリカで売るのではなく、最初からアメリカ向けの車を開発してくれるようになりました。そして、私がアウトバックにクラッディングしようと日本から来た幹部に提案したのは、まさにチェリーヒルのこのオフィスのこのテーブルだったのです」

その瞬間、トムは会議室のテーブルをこぶしで、おもいっきり叩いた。興奮して、「オレたちは売れる車をここで作ったんだ」と叫んだ。

「まさに、このテーブルで、スバルの幹部はアメリカの消費者の声を聞いてくれたんです。本来、SUVはトラックをベースにした車です。乗り込む時、女性にはステップが高かった。女性客は当初SUVを敬遠したのです。また、車体もトラックに似て重心が高く、運転しづらいところがありました。ところがアウトバックは初めての乗用車ベースのSUVでした。その後、各社が真似をしましたが、あの頃はあれしかなかった。だから売れたのです」

SUVとは、「Sport Utility Vehicle（スポーツ・ユーティリティ・ヴィークル）」の略だ。径の大きなタイヤを使い、車体を高くすることで、優れた走破性能を獲得している。段差を乗り越える能力が高いから、アウトドアに向く。そして、車体の位置が高ければドライバーもまた高い位置から車外を眺めることができる。高い視点から運転すれば、遠くまでよく見えるので、安心感につながる。

「視界がいいからＳＵＶを買う」人もいるわけだ。それに後部座席を倒せば、荷室の容量が増える。アメリカではアウトドアに行くファミリーが多いから、子どもが小さいうちはセダンよりＳＵＶを買う層が多い。

トムはこうしたことを話した後で、呟いた。

「アウトバックのような車が欲しいと言ったら、力になってくれたのが社長になるモリ（森郁夫）さんでした。モリさんはＳＯＡにいたこともあって、アメリカのユーザーをよく知っていたし、よく見ていました。私はモリさんとは心を開いて話すことができましたし、思えばあの頃から、スバルはアメリカ市場中心の会社になったんじゃないでしょうか」

トヨタ生産方式の洗礼

二〇〇五年、ＧＭは業績が悪化した。仕方なく、保有していた富士重工株（全体の二〇パーセント）をすべて手放す。そのうち、八・七パーセントを買ったのがトヨタだった。ここで、富士重工はトヨタと提携することになった。

いすゞから始まったスバルの提携相手は日産、GM、スズキからトヨタになった。提携相手を探して漂流していたのがやっと落ち着き先を見つけたことになる。

翌二〇〇六年、竹中に代わって社長に就任した森郁夫はSOAのトムが表現したように、「アメリカを見つめた」経営に舵を切ったのである。

森はトヨタと話をして、いすゞが撤退して空いていたインディアナの工場で、トヨタの乗用車「カムリ」を生産受託することにした。カムリは全米でもっとも売れるセダンで、出せば出すほど売れた。トヨタとしても新たに工場を建てるよりも、既存の工場で増産した方が時間をかけずにすむ。インディアナ工場で作ってもらうことはトヨタにとっても悪い話ではなかった。

インディアナ工場では最盛期（一九八九年）、いすゞと富士重工の車、二一万六〇〇〇台を生産していたが、二〇〇五年にはいすゞ車がなかったので、生産は一一万九〇〇〇台と減っていた。そこへカムリを一〇万台作ることになり、アメリカの生産現場は喜んだ。

ただし、トヨタの車を作る以上、現場ではトヨタ生産方式を取り入れなくてはならない。トヨタからは「生産の鬼」と呼ばれた技監、林南八が乗り込んできて、半年間にわたって、工場のシステムをがらっと変えたのである。

林は苦笑しながら語った。

「最初はにらみ合いだったね。インディアナ工場の社長は及川（博之）さんで、生産のトップがジャックという気の強いアメリカ人だった。うちは私、そしてケンタッキーにあるトヨタ工場からゲーリー・コンビスというのを連れて行った。ゲーリーもまた気の強い男で、『トヨタ生産方式はオレが教えてやる』と言ったんだが、ジャックは『そうか。じゃあ、オレがお前にスバル方式を教えてやろう』と、対立してしまうんだよ。どちらも引こうとしないんだ。

そこで、私が間に入って、まあ、現場を見てから考えようじゃないか、と。私はジャックとふたりで工場を隅から隅まで歩いてチェックした。

『カムリとスバルを混流生産で流すなら、分岐、合流のところはきちんと整理しないと』と手取り足取り教えたら、様子を見ていたジャックの態度がころっと変わって、『ハヤシさん、教えてください』と言われたよ」

林はトヨタ生産方式を体系化した大野耐一の直弟子で、自動車会社の生産畑の人間なら、誰でも彼の名前は知っている。そんな男がわざわざインディアナの工場までやってきて、トヨタの生産方式を全部オープンにし、丁寧に教えたのだから、生産担当のジャックも話を聞かざるを得なかったのだろう。その後も、ジャックは林を尊敬し、工場にトヨタ生産方式をアレンジしたスバルの生産方式を提案し、定着させている。

ただ、林の指導は手厳しいものだった。

「いいか、ジャック、プレスや鍛造の金型の交換が遅い。これを速くして生産性を向上させる。それから、あれだな、あんたたちのところは無計画の押し込み生産だな」

「ハヤシさん、いくらなんでも無計画はひどい。ちゃんと計画してますよ。ただ、日々の生産の数がブレることはありますす」

「ええか、当たらん計画は無計画と言うんだ。計画を作ることに時間をかけても意味はない。マーケットに合わせて、売れる分だけ作るのがトヨタ生産方式だ」

林は三河弁で、たんたんとしゃべる。通訳が英語に訳す。林は決して怒鳴らない。日本の現場では怒鳴るけれど、海外ではにこにこしながら冗談を言い、相手を自分の土俵に引きずり込む。彼が半年間、ジャックと二人三脚で工場の流れを整えたために、インディアナ工場の混流生産ラインは完成し、いすゞが撤退した分を埋め、年産二〇万台の体制が整ったのである。そして、インディアナ工場で作られたカムリはトヨタのケンタッキー工場で生産されたカムリとまったく同じ品質で、全米のトヨタディーラーに受け入れられた。富士重工とトヨタの協業は富士重工だけでなく、トヨタにとっても新工場を増設するよりも経済的に生産拠点を得られた価値あるものだった。

林は言う。

「富士重工は技術的にはすばらしいものを持っている会社なんです。僕は東京の出身だから大学を出た後、プリンス自動車に行こうと思った。そうしたら、部品会社をやっていたうちの親父が『車をやるならトヨタがいいぞ』と……。それでトヨタに入ったわけなんだけれど。普通の自動車会社は販売と開発が強いんだ。販売と開発の声が大きいんです。販売が売り上げ計画を決めて、生産現場に『目標必達だ』と数字を下ろしてくる。ところが、売れなくなると、とたんに数字が下がって、現場には在庫が残る。

開発は開発で生産現場のことなどかまわず技術の限りを尽くして、好きなクルマを作る。だから原価が上がってしまう。

トヨタだけですよ。大野耐一さんというリーダーがいて、販売、開発ともちゃんと話をして、生産現場の労働環境を改善し、生産性を向上させたのは。トヨタの強みは生産現場の声が会社に届いていることなんです」

自動車会社に限らず、メーカーの生産現場は販売、開発から下りてきた目標に合わせてモノを作るだけのところが多い。

「言われたとおりに作れ」と命令されて、やれやれと思いながらも、文句を言わず製品を仕上げるのが生産現場だったのである。

ところが、トヨタは違った。販売にも開発にも言うべきことはちゃんと言い、自分たちのシステムで生産現場の仕組みを効率的に変えた。そして、利益を生み出すプロフィットセンターに変えた。すると、発言権も大きくなっていく。インディアナの工場でスバルの人間が学んだのは「生産現場の声を経営陣に伝える」ことだった。それができたから、富士重工は、トヨタと同じように効率的にクルマを作ることができる現場になった。ただし、厳しさはトヨタほどではなかった。後に日本の現場で検査不正が行われたのもそうした背景からだろう。

ただ、トヨタはそのことについて特に恩恵を施したとは思っていない。彼らにとっては車を作る場合はいつでもどこでもトヨタ生産方式しかない。世界の生産現場と同じことをインディアナの工場でもやったという認識しかなかった。

「軽自動車」からの撤退

二〇〇六年、社長になった森郁夫はカムリの受託生産に続いて、アメリカマーケットに集中する決定をした。同社は二〇一〇年までの中期経営計画で「スバルらしさの追求」「グローバル視点の販売」を掲げた。グローバル視点とはつまり、アメリカのユーザーの声を聞くということだ。生産現場といい、経営といい、富士重工はやっと人々の声を聞く会社になった。中島知久平以来、技術偏重だった同社の体質が変わったのがこの時と言っていい。技術にプライドを持ち、技術で結果を出してきた人間は他人の話を聞かない傾向がある。だから、名車は出すけれど、スバル360をのぞいて富士重工の車はなかなかベストセラーにならなかった。富士重工の経営の転換とは謙虚になって、世の中の声を聞くところからスタートしたのである。

そして、具体的にはふたつの決断をした。ひとつは軽自動車の生産から撤退することで、もうひとつはアメリカマーケットに向けた自動車開発を始めることだった。

二〇〇八年、富士重工はトヨタからの出資比率を八・七パーセントから一六・五パーセントに拡大して受け入れた。同時に、軽自動車の開発・生産から段階的に撤退し、トヨタのグループ、ダイハツからOEM供給を受けることを発表した。ちょっと前まではスズキと提携していたのだが、軽自動車の生産をやめてダイハツから車を供給してもらうことにしたのである。

二〇〇七年当時、富士重工の国内販売台数は二二万五八一八台。うち軽自動車は六二パーセントの一四万九九〇台である。国内販売の三分の二を占める軽自動車の開発・生産から撤退するという、空前の決断だった。しかも、その年は日本の軽自動車のヒーロー、スバル360の誕生から五〇周年の記念すべき年だったのである。

当時、森はこう語っている。

「国内の販売は最盛期の三五万台から二二万台まで減少している。一方で収益の大半は海外なんです。私たちはグローバルで生き残る道を模索しなければならない。国内のことだけを考えて、軽自動車から普通車まですべてを開発・生産するのはもう難しい。そこで決めたのです」

実際、軽自動車は一〇万台を売る程度ではまったく商売にならなかった。価格の安い軽自動車はダイハツ、スズキのように五〇万台は売らないと儲けは出てこないのである。スバルの規模で開発、生産、販売すると赤字になるのだが、スバル360を作った会社というイメージに縛られて、なかなか撤退の決断ができなかった。

だが、軽自動車をやめたおかげで、赤字はなくなり、また、軽自動車の開発をしていた人材をアメリカ向けの車を開発する部門に振り向けることができた。開発技術者が他社に比べて少ない同社にとっては、軽自動車からの撤退は開発陣の強化にもつながったのである。

ただ、単に撤退しただけでは国内の販売網が売るタマががくんと減ってしまう。トヨタ、ダイハツとのアライアンスを生かして、ＯＥＭ供給してもらうことで、販売店を納得させることができた。

「どうして、もっと早く決断しなかったのか」

「こんなことは赤字が続くだろうと見通しが出た時点で決めることだった」とも言われるべき正しい判断だった。

これまで決断してこなかった方が不思議だったのである。けれどもそれは森、吉永といった危機感を持った生え抜き幹部が登用されて、初めてできたことだった。

森は撤退を発表する前、社内やＯＢから大きな反対があると予想したのだが、実際にそれほど激烈な反応はなかった。社内の人間も軽自動車が大赤字だとわかっていたからだろう。

そして、軽自動車をやめた開発の人間たちはアメリカ向けの車の設計に携わり、早速、ひとつのアイデアを出し、それは採用された。

「車体の幅を広げる」

それがアメリカマーケット向けのひとつの解答だった。

業界で販売のコンサルタントをしている人間はこう言った。

「日本の車って、ようかんみたいに細長いんです。世界の車に比べると、ヘンな形なんですね。それは車幅が一メートル七〇センチを超えると３ナンバーになってしまうからです。売る方としては３ナンバーよりも、５ナンバーの方が売りやすいから、そんなヘンな形の車が増えてしまったんです」

彼の話をもう少し正確に言うと、ナンバーが３になるのは車幅が一・七メートルを超えた場合、そして、排気量が２０００ccを超えた場合である。いずれかひとつでも規定を上回ると３ナンバーになる。ただし、ナンバーが３でも５でも自動車税はまったく変わらない。自動車税は排気量によって課税される。仮に、１８００ccのエンジンを搭載する５ナンバー車と１４００ccのエンジンを搭載する３ナンバー車があったとする。すると、３ナンバー車の方が自動車税は安くなる。だが、ユーザーは「３ナンバーの方が５ナンバーよりも税金が高い」と思い込んでいるのである。そこで、自動車会社は長い間、５ナンバーの車を主に開発してきた。

車幅を広げれば日本では売りにくくなるが、一方、アメリカでは座席間に余裕がある車が好まれる。それは一般的にアメリカ人の方が日本人よりも体格がいいから、車幅が広い方がウケるのである。

開発陣はレガシィアウトバックの車幅を三センチ大きくして、一・七三メートルにした。ちなみに現在では一・八四メートルまで大きくなっている。

ただ一・八メートルを少しでも超えると、日本ではとたんに売れなくなるという。立体駐車場に入らないし、普通のマンションの駐車場でも、はみ出してしまう。それに狭い路地にも入っていけない。だから、高級車のクラウンでさえ、車幅はちょうど一・八メートルだ。それ以上の車幅を持つのは日本車ではレクサス以上のグレードだ。

こうして、レガシィアウトバックは車幅を大きくしたため、日本国内では人気は出なかったがアメリカでは大いに受け入れられることとなった。

乗用車をベースにした四輪駆動のSUVで、しかも幅がアメリカ車並みになったレガシィアウトバック……。アメリカ市場ではベストセラーカーになり、リセールバリューも高くなった。他社の車とスターティングプライスは同じでも、リセールバリューが高くなれば、ユーザーは安く買ったことになる。そして、リセールバリューが高いことが広まればレガシィアウトバックはますます売れるという好循環が生まれる。軽自動車からの撤退とアメリカマーケット向けの製品企画に特化することで、富士重工は長年の停滞から脱して、快進撃が始まる。

中島知久平の喜び

ふたつの決断は富士重工という会社が息を吹き返すためにはなくてはならないイノベーションだった。

スバル360やスバル1000、水平対向エンジン、四輪駆動、そして、アイサイトに至るまで、同社の技術開発、革新にはめざましいものがあった。専門家、自動車評論家はそうした技術革新を手放しでほめる。しかしながら、技術革新とイノベーションは違うものだ。

前者が発明だとしたら、後者は発見であり、価値の転換だ。どちらも必要なものなのだけれど、イノベーションがなければ技術革新は生きてこない。

イノベーションという言葉を説明するならば、たとえばコンビニエンスストアのおにぎりを挙げることができる。個別包装になっていて、パリパリした海苔を巻いて食べるのがもはや常識だ。しかし、それが当たり前になったのは古くからのことではない。一九七八年以降だ。それまで長い間、日本人は何の疑いもなく、最初から海苔が巻いてあるおにぎりが当たり前だと思っていたのである。

個別包装という技術革新が生まれた時、イノベーションを考えた人がいる。

「個別包装になったら、最初からおにぎりに海苔を巻くことはない。海苔は包装と一緒にすればいい。そうすればパリパリして、風味、香りを感じられる海苔を巻いたおにぎりを食べることができる」

この考えがイノベーションだ。パリパリ海苔のイノベーションは消費者の潜在的なニーズに応えたものだったから、あっという間に広がっていった。今では店で売るおにぎりといえば、パリパリ海苔のそれが当たり前になったのである。このように、イノベーションとは思いつきだから、技術者でなくとも誰にでも思いつくチャンスがある。

前身の中島飛行機以来、富士重工が求め続けてきたのは技術の革新だった。新しい技術を模索し、困難を乗り越えてモノにしてきた。それを自社のセールスポイントとして訴えてきたから、技術を好む人たちで、俗に「スバリスト」と呼ばれる層、四輪駆動が不可欠な雪国のユーザーが同社を支えてきた。しかし、逆に言えば、技術を好む層だけが富士重工の車を買っていたのである。


それがようやく、イノベーションが起こり、アメリカでは着実にスバルが売れるようになっていった。


イノベーションと変化を肌で感じてきたトム・ドールは次のように総括している。

「スバルはトヨタ、ホンダよりは知名度は落ちます。しかし、アメリカに来ている各国の車のなかで、スバルはもっともアメリカのユーザーを見ている会社になりました。ですから、毎年、成長しているのです。それにスバルはプレミアムブランドです。BMW、アウディからスバルに乗り換える人たちがいる。これは他の日本車にはない現象です」

どこの国の自動車会社でも、まず、自分の国のなかで売れる商品を作る。ところが、スバルだけは北米のユーザーが乗りたい車を作っている。自分の国よりも、アメリカを向いた車を作っている。

かつて中島飛行機の創業者、中島知久平はアメリカを空爆するための巨大爆撃機「富嶽」を構想し、開発に着手した。結局、それは実現しなかったが、彼の仕事を継いだ者たちは苦労に苦労を重ねた結果、アメリカのマーケットに受け入れられる車を開発することで傾いた会社を再生させた。

知久平だって、アメリカをうらんでいたから、巨大爆撃機を作ろうと思ったわけではない。乾坤一擲、富嶽を作り、飛ばすことで戦争を終わらせようとした。富嶽を通じて巨大航空機の技術を培い、その後は巨大な旅客機で日本人をアメリカへ連れて行こうとした。富士重工の幹部が「アメリカマーケットを向いた車を作ったこと」をもっとも喜んでいる男がいるとすれば、それは知久平だったろう。

第九章　マリー技師の教え

スバル独自の安全技術「アイサイト」。

一貫した「安全」へのこだわり

森郁夫が社長を辞め、後任が吉永泰之になったのは二〇一一年の六月。東日本大震災の直後だった。そして、森、吉永の時代に富士重工は成長する。毎年、販売台数を伸ばし、一〇六万台を売るようになった。しかし、それでも世界の自動車販売シェアから見ればわずか一パーセント。量販車を出している自動車会社のなかではもっとも小さな会社である。

では、その会社の技術面での大きな特徴とは何か。

自動車の速さを実現することでもなければ車体デザインの流麗さの追求でもない。燃費が他社の車に比べてひときわ抜きんでているわけでもない。そして、もはや水平対向エンジンでも四輪駆動でもない。

彼らが創業期から一貫して注力してきたのは「安全」だった。中島飛行機にフランスからやってきたアンドレ・マリー技師が口を酸っぱくして日本人技師に教えた「搭乗者の安全を守る設計」が技術の本質だ。スピードを上げること、エンジン出力の増大、スタイリッシュなデザインの開発もやってきたには違いないが、根底にあるのは事故を起こさない安全性、事故が起こったとしても、乗員や巻き込まれた歩行者を守る安全技術を貫くことだったのである。

「うちは航空機メーカーです。私はそう思っています」

そう語るのは樋渡穣。安全技術の開発一筋にやってきた男で、二〇〇八年から搭載されている同社独自の安全技術「アイサイト」にかかわってきた。

「私だけでなく、入社してきた技術者のほとんどは車よりも飛行機を作りたくて入った人間です。そこが他の自動車会社とは違います。それに、飛行機って、落ちたら搭乗者の命が失われます。落ちない飛行機を作るのが我々というか中島飛行機の技術者の使命でした。それと同じ意識で僕らは自動車の安全を考えてきたのです」

彼は続ける。

「整理すると、うちの会社が考える安全の方法は四つです」

ひとつ目はまず0次安全である。これは同社の造語だ。

一度、聞いただけではわからない言葉だが、つまりは車自体が安全の思想で成り立っているということだろう。同社の車は基本の骨格が安全を重視している。これもまた航空機の技術からきている。

隼などの戦闘機は前後左右から敵機が近づいてくるのを素早く感知しなければならなかった。そのために視界のきくように飛行機を設計している。つまり、パイロットが乗る操縦席窓を大きく作るのが中島飛行機の伝統だった。

その精神を受け継いで、スバル360は窓を大きく取り、ピラーを細くした。その思想を守り

「窓を大きく」はそれ以後の車も採用している。他社の車では車体の後部を高くするデザインがあるが、それをやったら後ろの視界が狭くなってしまう。スバルの車にはそういったデザインはない。

日本で初めて「デフロスター」（霜取り装置）を標準装備したのも同社だ。デフロスターがあれば視界がクリアになる。加えて、高さを変えられるヘッドライトも同社が初めてだ。スバル360はバンパーに手を突っ込んで、ライトの高さを調整できるようにした。これは荷物をたくさん積んだりして車体が重くなると、ライトの位置が低くなってしまうからだった。安全を考えると、前方を広く照らさなくてはならない。そこで、可変式ヘッドライトを考えたのである。

また、水平対向エンジンと四輪駆動も0次安全および、ふたつ目の方法であるアクティブセイフティ（走行安全）につながる安全技術だ。水平対向エンジンは左右対称で、しかも車の真ん中の低い位置にエンジン本体を置くことができる。

一般的な車が載せている直列エンジンは形自体が左右対称ではない。エンジンとはそれ自体が重いものだから、左右非対称のエンジンを車の真ん中に置くと、重心は中心線からずれてしまう。左右対称の水平対向エンジンを載せていることは重心の安定につながり、そして重心の安定はアクティブセイフティにつながる。また、四輪駆動であれば、四つのタイヤがつねに接地して動力を伝えている。これまた安定がいい。同社が開発した得意技術には安全の思想が最初から含まれている。

走行安全が達成されていれば水たまりでも、雨の高速道路でも安心して走ることができる。走行安全のために同社は四輪駆動車に初めてアンチロックブレーキを採用した。このため雪道で横滑りすることはまずなくなった。急にアクセルを踏んでもスピンしないようなトラクションコントロール、横滑りを防止するビークルダイナミクスコントロール……。走る、曲がる、止まる、の機能のすべてを安全に保つ機構を開発することが文化となっているのは、戦前のマリー技師の指導がよほど徹底していたからだろう。

三つ目がパッシブセイフティの実現である。パッシブセイフティとはつまり、衝突時の安全を確保するという技術だ。スバル360の開発者の百瀬はスバル360を開発していた頃からすでに工場内にコンクリートの壁を作り、時速四〇キロで壁に衝突させる実験を繰り返した。実験をやったことで、ぶつかった後、車がつぶれても乗員を守るような構造にしたのである。

「搭乗者を守る」のは百瀬にとって当たり前のことだったからだ。

そして、その時に百瀬は不思議な装置を考えている。実用化はしていないが、車にぶつかってきた歩行者を網ですくいとる装置だ。歩行者がぶつかったとたん、車体の前からするすると大きな網が出て、人をすくい取る……。そんなマンガみたいなアイデアまで総動員して、衝突した時の安全を考えていたのである。その結果、今でももちろん車内にエアバッグが装備されているだけでなく、歩行者が車にぶつかった時にも車体の前部でかつ外側にあるエアバッグが作動するようになっている。

四つ目が予防安全である。同社は予防安全を実現するため、ふたつのカメラ（ステレオカメラ）で人の目と同じように歩行者、自転車、オートバイなどを検知し、近づきすぎたらブレーキをかける機構を開発した。それがアイサイトだ。昼間だけでなく、夜間でも雨でも霧でも猛吹雪でもちゃんと対象を検知するのがこの機構の優れたところだろう。

ただし、アイサイトのような路上の対象を検知して車を止める技術は世界中の自動車会社がそれぞれ開発している。検知するためにカメラを使うところもあれば、電波やレーザービームを用いる会社、カメラとレーザー、電波を併用している会社もある。

しかし、たとえば電波の場合であれば金属ならば反応するけれど、段ボールなどの物体だと検知しないからぶつかってしまう。レーザービームは雪が降ると光が乱反射して狂いが生じる。

「アイサイト」開発のきっかけ

樋渡は「ちょっと難しい話ですけれど」と前置きしたうえで、アイサイト開発のきっかけを語った。

「アイサイトは元々は一九八九年に開発した技術でした。物体を検知する技術ですけれど、エンジン内のガソリンと空気を混ぜた混合気の渦流（渦巻き）を計測する時に使っていた技術の応用なんです。渦流の動きを調べる技術でした。透明なシリンダーを作って渦流の動きを計測するために、ふたつの視点の映像データを作った。それを物体を検知する技術に転化させたのがアイサイトで、すでに三〇年以上の路上データを収集しています。どこよりも早くから数多くのデータを集めているから、アイサイトは物体の検知に優れている。だから止まります。

カメラの性能というよりも、三〇年以上にもわたる制御プログラムの豊富なデータが価値なんです。

また、アイサイトは前方の対象物を検知し、対象物との距離を測る技術でもある。ですから車線の中央を維持して運転をアシストすることもできる。つまり、自動運転にも応用できる。実際、うちの車には自動でハンドルをコントロールする装置が付いています」

ただし、問題がないわけではない。アイサイトはカーナビのように後付けすることはできない。車両のブレーキシステムとつながっているので、新型のステレオカメラだけを取り付けることはできないのだ。ユーザーからは「今乗っている車にアイサイトを付けたい」と言われることがある。だがこの問題について、今のところはどうにもならない……。だが、どうにかしなければならないのではないか。

アイサイトは「ぶつからない」システムではあるけれど、「ぶつかってきた」人や自転車には当たってしまう。わかりやすくいえば、どんなシステムでも「当たり屋」を防ぐことは不可能に近い。車の前に身体を投げ出して、飛び込んできた人を検知して止まることができても、ぶつかってきた人間はケガをする。ぶつからない装置とはあくまでも、相手に悪意がない場合に通用するものだ。飛び込んできた物体をよけたり、車体を急停止する装置が実現するのは遠い未来だと思われる。

樋渡と同様に、技術開発に携わってきた部長の佐瀬秀幸は「うちは事故を減らすことが目的なんです」と主張する。

「スバルがやることは自動運転、無人運転ではありません。自動運転はある程度まではやれますけれど、それ以上を狙うとお金がかかって車両価格が高くなってしまう。それでは一般の人が買うことができません。狙うのは量販価格で事故ゼロに近づく車です。世の中に走っている車がすべて自動運転になったら別ですけれど、スバルは今のところハンドルから手を放して運転できる車は作りません」

スバルの技術者は他社に比べて人数が少ない。自動運転、無人運転、スマホによる運転操作など、業界大手や新規参入企業が取り組もうとしている多くの開発目的を自社の技術陣だけで追うことは不可能だ。

そういったこともあって、飛行機由来の安全、搭乗者の安全を第一の目標にしているところもある。だが、彼らは長年にわたって、ずっとそれだけをやり続けてきた。だから、どこの企業よりも多くの路上の安全データを蓄積することができた。

これまで、クルマを買う人の尺度にしたのはスピードであり、デザインであり、荷物をどれくらい積めるかといったものだった。だが、完全自動運転が目前に迫る現在になって「安全」「安心」というコンセプトは見直されている。今、自動車を買う人が気にしているのは一〇〇キロを超える速度で巡行することではない。事故を起こさない装置が付いているかどうか、操作が簡便なものであるかどうかが買うための動機になりつつある。ユーザーはもはやどういう車かを考えているわけではない。どういうサービスをしてくれる車なのかを買うための尺度として判断している。

第十章　LOVE

2020年秋発売予定の「レヴォーグ」のプロトタイプ。

EVシフト、そして

二〇一七年、中島知久平が飛行機研究所を創業して一〇〇年が経った。これを機に、スバルはそれまでの「富士重工業」からSUBARUに変更した。業績は絶好調で、新聞にも大きく一〇〇周年を祝う広告を掲載した。しかし、その半年後、完成車の検査を無資格者がやっていたとの問題が起こり、リコールを行った。一〇〇周年という年に同社のイメージは傷ついた。テレビコマーシャルも自粛し、お祝いムードは吹っ飛んだ。

気分一新のためもあり、一〇一年目の二〇一八年には同社にイノベーションをもたらした社長、吉永泰之が会長に退き、後任に専務の中村知美が就くこととなった。既定の交代ではあったのだろうけれど、世間は検査不正の責任を取ったと判断した。

しかし、それでもまだ現場では不正が続いていた。日産やスズキなど各社の生産現場での不正が続いたこともあって、スバルのイメージはまだまだといったところだ。

会社としては無資格検査という不正、その後のリコールによるイメージダウン、販売への影響は大きな問題だ。自動車業界が不正を正常に戻すのは当り前だ。しかも早急にやらなくてはならない。なぜなら自動車業界はそれよりもさらに大きな問題に直面しているからだ。しかも問題はひとつではなく、いくつもある。

ガソリンエンジンからＥＶへのシフト、自動運転、ウーバーなどシェアリングの勃興、グーグル、アップル、加えて中国のＮＩＯといった企業が次々と自動車事業に参入してきたこと……。さらに、日本、アメリカといった自動車先進国では若者がクルマを買わなくなってきたこと……。

トヨタの社長、豊田章男は業界を取り巻く環境について、「死ぬか生きるかの時代」と断言している。トップ企業の経営者でも大きな危機感を持っている。それくらい、自動車業界は変化のなかにある。一歩、踏み間違えれば井戸の中に落ちてしまうような道を歩いているのが自動車会社だ。ほんの少しの判断ミスで、会社が存続できなくなってしまうこともありうる。

スバルもまた今のままでいいはずはない。たとえば、ＥＶ車を持っていないスバルはすぐにもその手当てをしなければならない。幸いなことに、トヨタ、マツダ、スズキとの共同開発の一員となった。トヨタとはさらに緊密になった。それでも自社の車種にＥＶ装置を取り付けるノーハウ、装備した後の性能の維持、顧客対応はスバルが自社でやらなければならない。

ＥＶについてフランスが先行し、二〇四〇年までには国内におけるガソリン車およびディーゼル車の販売を禁止することを決めた。イギリスも同調し、インド、アメリカのカリフォルニア州でもそうした目標が設定される。

スバルが売れている北米のワシントン州、オレゴン州はカリフォルニアと並んで環境意識が発達しているから、早晩、ＥＶへのシフトは始まるだろう。何より世界最大の自動車市場である中国がＥＶの採用に動いた。各メーカーが生産する乗用車の平均燃費を、二〇二〇年までに一リットル二〇キロにまで改善していくことを促す政策と、もうひとつは各自動車会社に二〇一九年には「新エネルギー車ポイント」を一〇パーセント、二〇二〇年には一二パーセントとすることを義務づける政策である。

「新エネルギー車ポイント」とは、ＥＶ、プラグイン・ハイブリッド自動車（ＰＨＥＶ）、燃料電池車（ＦＣＶ）に対して与えられるもので、ＥＶ一台には四ポイント、ＰＨＥＶであれば一台あたり二ポイントとされている。

年産一〇〇万台のメーカーであれば、「新エネルギー車ポイント」を一〇パーセントにするためには一〇万ポイントが必要だ。そのためにはＰＨＥＶを五万台作って一〇万ポイント獲得するか、またはＥＶを二万五〇〇〇台作って一〇万ポイント獲得しなくてはならない。

ユーザーが欲しいイノベーションとは

全自動車会社はもはやＥＶへ向かう潮流を見過ごすわけにはいかない。同時に、自動運転への対処をし、さらに自動車自体を買わなくなった若者向けに魅力的なイノベーションカーを開発しなければならない。

豊田章男が言うように、トヨタであっても、課題が多すぎる。手が打てない状況のなかで精一杯、確かな陸地へ向かって漕ぎ出さなければ船は沈んでしまう。そういった環境のなかで、スバルはどこに向かおうとしているのか。スバルが生き残るための武器とは何なのだろうか。

現在のところ、強い自動車会社はどこも武器を持っている。トヨタならばトヨタ生産方式だ。日々、カイゼンを続け、どんな環境にも適応できる考え方で会社を運営している。

また、フォルクスワーゲンであればドイツ政府が主導したインダストリー四・〇の実践だろう。生産工程のデジタル化、自動化、バーチャル化を進めてコストを減らしている。フォルクスワーゲンはスマート工場、つまり「自ら考える工場」を作ろうとしている。

それに対して、スバルは「これだ」という答えを持っているわけではない。元々、EV、自動運転など全方位に対応できるほど人が大勢いるわけではないから、どこかに集中し、そしてもう一度、イノベーションを起こさないといけない。イノベーションとは要するに、「思いつき」だ。思いつくことは誰にでもできる。難しいから、できないのではなく、思いつかないからできない。スバルの近未来は社員が自動車の潜在的な需要に気づくか気づかないかにある。

客の潜在的な需要で言えば、アイサイトが装備されるようになり、「ぶつからないクルマ」というイメージができてから、スバルの客層は変わってきた。

ちょうどその頃、販売店に出向していた元社員で現在は広告代理店にいる人間はこんな体験をしている。

「スバルの本社に入って販売店に三年間、出向していました。それまでのスバルのディーラーに来る人って、『なんとなく』という人はいなかったのです。それぞれの理由があって、スバルを買いに来ていました。

『父親が乗っていた。スキーやキャンプが好き、走りが好き……四輪駆動の車が欲しい』。まったくの新しい顧客はほとんどいなかった。

昔からスバルに乗っていた人が買い替えるケースがほとんどだったのです。だから、実はセールスがつらかったかといえば、そんなことはなかった。店に来る人はスバルを買う人だったんです。ですから売り上げもだいたい予想できました。僕らは店に来てくれる客を自銘（柄）の客、自銘代替えの客と呼んでいました。

対して、他社に乗っていた客が買い替えてくれた場合は他銘（柄）の客と呼んでいました。でも、はっきり言うとスバルの場合、他銘の客って、ほとんどいなかったんですよ。

ところがアイサイトが出てから、他銘の客が増えてきました。たとえば前はドイツ車に乗っていたとか。アウディやフォルクスワーゲンからスバルに来る客が増えました。

そして、何よりも多くなったのがママたちです。子どものいるママたちが『アイサイトの車を見たい』と販売店にやってくるようになりました」

スバル３６０の発売以来、同社の客は「クルマの走りが好きな人たち」だった。水平対向エンジン独特の音、地面にぴたっと吸い付いて走る安定感、雪道でも滑りもせずに前進していく心地よさ……。走行性能、操作性に感性が合う人たちが客だった。ところが、アイサイトが装備されて以降、チャイルドシートに乗せた子どものためにスバルを買う層が初めて出現した。

赤ん坊のいる夫婦がいる。ダンナは「ドイツ車が欲しい」と言う。しかし、妻はきっぱり、首を振って告げる。

「あなた、子どものことを考えて」

赤ん坊や小さな子どもがいる家庭の場合、車を買う決定権を持っているのはダンナではない。妻と子どもだ。はっきり言えば妻だ。妻たちは車のデザインは気にするけれど、スピードや環境対応はあまり気にならない。それよりも、子どもにとって安全な車を選ぶ。彼女たちが必要とするのはぶつからない車であり、ぶつかっても、乗員を守ってくれる車だ。

こういうところから考えてみると、ユーザーの中心となっていくママたちはパワートレインがエンジンなのかEVなのかといった点はどうでもいいと思っているのではないか。

とにかくユーザーは次のイノベーションを待っている。運転しなくてもいいこと。ハンドルでなくスマホで操作できる車であること。いつもネットワークとつながるコネクティッドカーであること……。さまざまな便利さがユーザーをひきつけるのではないか。

ただ、どんな場合でも大前提はある。それが安全だ。自動運転になっても、コネクティッドカーであっても、安全でなければ誰も乗らない。

安全も事故に対してだけではない。故障に対しても安全でなくてはならない。ガソリンならばどこでも買えるけれど、充電する場所は少ない。山の上へ出かけていって、電池の残量が乏しくなったら、もうお手上げなのである。燃料電池車だって同様だ。山の上に水素スタンドがなければお手上げだ。

また、自動運転車だって機械だから、必ず不具合が起こる。車が止まってしまったら、安全であること、外部と通信できることがスピードよりも何よりもはるかに重要だろう。

幸せなことに、スバルは飛行機を作っていた時代から、安全をクルマの特質として考えてきた。アイサイトの性能が評価されたというよりも、アンドレ・マリー技師以来、考えに考えてきた乗員を守る安全思想が、今の時代になってまた評価の対象になったということだろう。

第十一章　アメリカも変わった

米ニュージャージー州にあるスバルディーラー。

客が変わった

スバルにとっての主戦場、アメリカのディーラーを訪ねた時でも、出た話題はEVや自動運転のことではなかった。

「客が変わった」という話だった。

わたしが訪ねたのはふたつのディーラーだ。一軒はフィラデルフィアの「ミラー・スバル」。社長はメリッサ・ミラー。もう一軒はテキサスのプレイノという町にあるパット・ラブ社長の大型ディーラー「パット・ラブ」。いずれもスバル車だけを売っているわけではない。メリッサはフォードの車を扱う販売店を隣接して持っているし、パットがやっているのはトヨタ車が専門のディーラーで、北部テキサスではナンバーワンだ。四、五年前からは新車販売よりも、むしろタイヤやオイルの販売、修理といったサービスに力を入れている。スバルを扱っているわけではないが、「スバルのことはよく知っている。自分は元々メカニックだったから、どんな車でも触った」。

メリッサは「このところ、スバルの新車は年に一〇〇〇台は売っています」と語った。

「父親の代から、ディーラーをやっていますけれど、乗り換えをするお客さん、つまり、他社の車からスバルに変える人の比率が増えている。従来スバルを買っていた人よりも、今は乗り換え客の方が圧倒的に多い」

「それはなぜですか？」

わたしは訊ねた。

「ふたつの理由です。ひとつは『コンシューマー・リポート』という消費者団体が出している雑誌の車特集でつねにスバルが高評価されていることです。それを見て、足を運んでくる方がいます。また、スバルの車が細かいところで改良されてきていること。たとえば、パワーリヤゲートというボタンが付きました。リヤゲートを引き上げる時、背が低い人は最後までゲートを上げることができなかった。それがボタンが付いたおかげで、誰もが簡単にリヤゲートを上げることができるようになった。これまでのスバルはそこまで目配りをしていませんでした」

「安全の視点からのお客さんの評価ありますか？」

そう聞いてみたら、「交通事故にあったけれど、スバルに乗っていたおかげで車体がつぶれなくて済んだという人がいましたね」と彼女はすまして答えた。アメリカではアイサイトの効果よりも、四輪駆動、走行安定性の方がドライバーに評価されている。なんといっても、アメリカの消費者は日本よりも車に乗る時間、距離が長い。運転していて安心な車を求める気持ちが強いのだろう。

最後に訊ねたのは「さて、お客さんはどう変わったと思いますか？」である。

メリッサは言った。

「流行に左右されたり、他人が持っている車をうらやましいと思う人はいなくなりました。自分が大切にしているものを持っている車を選びます。スバルなら、アウトドアに向いていること、雪道を走るならスバルがいちばんだから買う。他人に見せる車ではなく、自分のための車を買います」

ソリッド&タイトの源泉

メリッサの次に会ったのはディーラーの経営者、パット・ラブ。彼は長年、自動車業界で働いている。扱うのは主にトヨタ車だが、GMもやっているし、かつてはスバルも売ったことがある。店舗の敷地の広さは一四エーカー。一エーカーは約一二〇〇坪だから、サッカーグラウンドひとつ分である。つまり、彼の店はサッカーのグラウンドが一四個、入るほどの広さだ。それでもテキサスでは「標準くらいの大きさ」だという。

パットが店を始めたのは一一年前。その時、北テキサス地区で走っていたトヨタ車は四二四四台だった。その後、彼自身と部下がトヨタ車を売りまくった。六万六〇〇〇台を売り、トヨタのナンバーワンディーラーとなったのである。

パットは大きなスマイルの持ち主だ。ニコッと笑ってしゃべる。

「私は高校を出て、シボレーのディーラーでメカニックをやっていました。そして、働きながら大学を出て、今度はトヨタのディーラーでセールスをしました。デンバー、ロサンゼルス、そして、ここテキサスにやってきました。

私たちの仕事はつねに変化していかなければなりません。

これまで車のディーラーは新車を売るのが仕事でした。しかし、アマゾンを見てください。ネット上で何から何まで買うことができるようになっています。ただし、アマゾンができないのは車の修理です。ですから、私は車の修理に力を入れています。タイヤの交換は回数が少ないけれど、オイルとフィルターはつねに交換しなければなりません。修理のなかでもオイルとフィルターの販売に力を入れています。サービスです。これからディーラーが生き残るにはベストなサービスが必要です。商品が何であろうと、ベストなサービスをしていればまだこの先、やっていけると思います」

パットの店ではオイル交換、フィルター交換を三〇分以内でやる。しかも、洗車は無料。それも三〇分以内で行う。

彼が言うベストなサービスとは一に客を待たせないことで、二に他のディーラーよりもサービスにかかる費用が安いことだ。そうやって、客をひきつけ、感心させていると、「じゃあ、次のクルマはここで買おう」となる。パットの店はセールスに力を入れたから新車がたくさん売れたわけではない。サービスを徹底することで、店のファンを増やしたのだ。

パットは言った。

「お客さんは変わりました。車を求めているのではなく、車を取り巻くサービスのよさを求めているのです。私たちはもっともっと変わらなければなりません」

だから、パットは新車販売の利益よりも、オイル交換、フィルター交換の手数料で生きていこうとしている。新車セールスよりも地味な作業の繰り返しがディーラーの仕事だと考えている。アマゾンは物品やサービスの販売だ。オイル交換や洗車はしてくれない。だから、パットはそれをやる。彼のライバルは他社のディーラーでもトヨタ車のディーラーでもない。アマゾンなのだ。

そんなパットはスバルという車を、スバルの今後をどう考えているのか。

「私はスバルもいい車だと思う。なんといっても、スバルのインディアナ工場はカムリを作っていました。あそこの工場で作ったクルマはどれも水準以上です。特にドアがいい。他社のクルマよりも気密性がいい」

パットはわたしを店に並んでいたカムリの近くへ連れて行った。

「ドアを開けて、やや力を入れて閉めてください」

カムリのドアはすっと開いて、パタンと収まるところに収まった。

「ほら、気持ちがいいでしょう。ソリッドでタイトに閉まるから、運転していても、風切り音は聞こえません。静かなエンジンの音だけです」

わたしの方を向いて言う。

「アメリカでは車を買う時、お客さまは必ずドアを開けたり閉めたりする。性能のよくない車はぱっと閉まりませんし、乗っていても心地よくはなりません。車の品質の高さはドアの開け閉めに表れているのです」

「ソリッドでタイト」とは、つまり、きちんとドアが閉まることだ。閉めた後もドアと周りの接合部がズレもなく気密性を保持する。その後、わたしはアメリカだけでなく、日本に帰ってきてからも、さまざまな会社の車のドアを開けたり閉めたりしてみた。高級車だからといって、ソリッドに、タイトに閉まるとは限らない。

そうして、何度も繰り返してみて気づいたのだが、閉まり方にもいろいろな段階がある。すーっと閉まらない車も少なからずある。地中海方面の外国製超高級車には閉まる時に「バタン」と大きな音がする車がある。同じく地中海方面製の車には大きな音ではないけれど、閉めた時の音が、閉まってないような錯覚を起こさせる音がある。

運転してどこかへ行く時、ドアの閉まりがいいと、それだけで気分がよくなる。これまで気がつかなかったけれど、ドアの開け閉めは毎日やることだし、一日のスタートにやることでもある。車の運転だけでなく、大げさに言えば気持ちよく暮らしが始まるかどうかのカギを握るとも言える。それくらい重要なのだ。

では、どうして、スバルのドアはソリッドでタイトにできているのか。それは言うまでもなく、飛行機の技術から来ているからだろう。飛行機の機体は自動車よりもなお気密性が大事だ。風切り音がうるさすぎて、エンジンの音が聞こえなければ不調が起こってもそれと気づかずに大惨事を招いてしまう。

中島飛行機以来、脈々と伝わるクルマ作りの技術はここに表れている。一本のねじに安全の技術が込められ、ドアには搭乗者の気分をよくするための技術がある。スバルは一〇〇年前から人間のための技術を追求してきた。

パットに話を戻すと、彼はこう言った。

「スバルの今後？　わたしにはわかりません。でも、あらゆる個人、あらゆる会社は同じです。アインシュタインの言葉を思い出してください。同じことの繰り返しで違う結果が出ることはありえない。人は変わらなければならない。変わらない組織はいずれ消えていきます」

第十二章　百瀬晋六の言葉

スバルはレース活動にも注力する。写真はSUBARU BRZ GT300。

レースも仕事だ

二〇一九年九月の日曜日、スバルの社長、中村知美は宮城県にあるサーキット、スポーツランドＳＵＧＯに来ていた。その日に行われた自動車耐久レース、スーパーＧＴ第七戦の決勝に参加するためだ。

耐久レース（エンデュランス）とは長距離・長時間を走行するレースで、その日行われたレースは三七〇四メートルの周回コースを二時間で何周できるかを競うものだった。スバルの車はSUBARU BRZ R&D SPORT。トヨタと共同開発したトヨタ86とは兄弟車にあたる。

サーキットでジャーナリストに囲まれた中村が話していたのは「雨のなか、これほど多くの方々に来ていただいて本当にありがたい」。

「社長になる前からレースには来ているのですけれど、いつもいつもお客さんが来てくれることが嬉しいしありがたいです。私たちが作っている車は丈夫で長持ち。次々と新車を出している会社ではないのに、応援していただいて本当に感謝しています

もちろん、モータースポーツをしっかりと支えていこうと思ってます。昔からずっと続けてやっていることですし、やるからには勝たないといけない。なんといっても、うちには、根強いフ

ァンがいっぱいいらっしゃる。ファンの方たちには元気を与えていただき、私たちは元気を与えていく。そういうふうにしていきたいと思ってます」

インタビューに答えた後、中村は同社のレーシングカラー、ブルーのユニフォームを着て、雨が降るスタンドで応援するファンのところに駆けて行って、精一杯、手を振っていた。

スバルは国内の自動車会社のなかではもっとも規模が小さかった。はっきり言えば販売台数ではビリ。それが最近、不祥事はあったものの、アメリカ市場で根強い人気があることもあって、販売台数では三菱自動車を抜き、売上高ではもう少しでマツダ、スズキと肩を並べるところまできた。

なんといってもスバルの販売台数一〇〇万台のうち七一万七〇〇〇台が北米マーケットで売れている(二〇一九年三月期)。国内では一三万五〇〇〇台。国内自動車会社のなかではもっともグローバル化している。

さて、スタンドで応援していた「スバリスト」と呼ばれるファンたちにあいさつした後、中村はつぶやいた。

「レースも私たちの大切な仕事の現場ですから」

自動車レースのオリジンは競馬だ。そして、競馬はエンタテイメントとして始まったのではなく、馬種の改良が目的だった。いちばん速い馬の子孫を残していくことで、競走馬の能力水準を上げていこうとしたのである。

自動車レースもそうだ。限界に挑戦することで、部品やシステムの耐久性を検証するのが自動車レースの目的だ。自動車会社はサーキットで得た情報を元に車とエンジニアを鍛えている。同社が誇るユニークな技術、四輪駆動、水平対向エンジン、そして、アイサイトなどはレースへの参加も含めた地道な研究開発で生まれたものだ。

先に絵を描け

同社取締役専務執行役員で技術部門を統括する大抜哲雄もまたサーキットに来ていた。彼もまたサーキットに来ていたファンに頭を下げ、レースの推移を見ながら、わたしの質問に答える。

「今もスバルの車に飛行機の技術は反映されているのですか？」

大抜は「はい」と言った。

「でも飛行機の技術そのものよりもモノを作る考え方ですね。百瀬晋六さんの語録は今も、うちの現場で語りつがれています。設計や開発の人間なら誰でも百瀬さんの言葉をひとつやふたつはそらんじてます」

百瀬が残した言葉はエンジニアだけでなく、すべての社員が聞いたことがあるものだ。だからといって同社ではそれを社員手帳に載せたり、公式に広めたりはしていない。それぞれが自発的にスマホに保存したりしている。

次の三つは代表的な百瀬語録だろう。

「すべてを数値化して考えよ」

「みんなで考えるんだ。部長も課長もない、担当者まで考えるんだ。考える時はみんな平等だ」

「ものを考えるときは強度計算を先にするものじゃあない。先に絵を描け。感じのいい絵は良い品物になる」

語録を教えてくれた大抜は「ひとつ大切なことを思い出しました」と言った。

「三五年前に入社して、最初にやった車は初代レガシィでした。私は車のエンジンルームを隔てるトウボードの設計をしたのですが、一緒にやった人は昔、戦闘機の絵を描いていたと言ってました。おそらく定年の後、働いていたと思うのですけれど、隼の設計にかかわっていた人だと思います。ちょうどコンピュータが職場に入ってきた頃でしたけれど、その方は手で描いていました。

レースからの技術で言えば空力関係の技術は非常に参考になります。量産車にそのまま使うわけではありませんけれど、いろいろなエッセンスは重要です。そして、我々のお客さんは飛行機やレースからきたエッセンスをちゃんと感じていただいています。そこが本当にありがたいです」

スバルの車にはヒコーキ野郎の魂がちゃんと残っている。

長いあとがき

一九六一年、スバル360はヒットしていた。だが、同じ年、トヨタはパブリカを出す。パブリカが出たことで、消費者の目は軽自動車から少し上のクラスへと向く。自動車産業にとって、その年は時代の変わり目だった。

正月明けのこと、出勤時間に間に合うように、三歳だったわたしは母親に手を引かれて東京駅から丸ビルに入っていった。ビルのなかの通路を通り、母が進んでいったのは二重橋に面した内外ビルである。今はなく、丸の内三井ビルに変わっている。内外ビルは丸ビルよりもはるかに小さかったけれど、いい感じのビルだった。

当時、富士重工の本社は内外ビル（一九五四年から六六年）にあり、母親にとっては初出勤の日だった。

陸軍の軍人だったわたしの父は復員してから富士重工の本社に入り、ラビットスクーターの開発に携わったが、六〇年に四一歳で病死した。

「これから大変でしょうから、奥さんがお勤めになったらいかがですか」

母親は家計のため、ＯＬになることを決め、なぜか、わたしを連れて出勤したのである。その日、わたしはたくさんのものを見た。

ビルのトイレの便器が大理石で、しかも巨大だったこと。母親だけでなく、丸の内のＯＬが履いていたのがシーム付きのストッキングだったこと。そして、富士重工の本社内に立派な図書室があったこと。

「あなたはそこに行ってなさい」

母親は美しい秘書のお姉さんにわたしを託した。お姉さんは『野生のエルザ』の絵本を選び、「はい」とガラスコップに入ったオレンジジュースを持ってきてくれた。それからたったひとりで、暗い図書室のなかで『野生のエルザ』を読んだ。

本を半分くらい読んだところで母が戻ってきて、秘書のお姉さんにあいさつして、東京駅まで戻り、うちへ帰った。その日から母は二〇年以上も勤めた。総務部管財課で、最後は女子社員の古株として女子たちの井戸端会議を仕切るようになる。

富士重工の本社が内外ビルにあった時代、母は図書室から毎日、本を借りてきてくれた。うちは決して家計が楽ではなかったから、わたしは借りてきた本を読んだ。絵本から普通の本に変わり、『野生のエルザ』『永遠のエルザ』、ドリトル先生のシリーズ、ロビンソン・クルーソーや巌窟王、野口英世やナポレオン、西郷隆盛の伝記……。

本を読むことが習慣になり、本を書くようになったのも、母が図書室のある会社に勤めたからだ。そのおかげで作家になって生活をしている。

「うちの会社のことをよく知ってますね」

「よくこれだけ昔のことを調べましたね」

連載している間、同社の関係者に言われたけれど、何のことはない。現在の社員だって知らないことをわたしは子どもの頃から知っていた。母親から当時の経営者の言葉も聞いていたので、この本を書くことに困ったことは何もない。

「興銀からやってきたなかで優秀なのはふたり。日産から来た人でも、仕事をしたのは川合さんだけ」

わたしの感想ではない。母親を中心とする同社女性社員の人物評である。毎日、幹部と一緒にいた秘書を含む古株女子社員たちの人物評だから、自動車評論家や専門家のそれよりもはるかに確度が高い。

そして、生え抜きになってからの経営者たちについての評もある。

「森さんも吉永さんも中村さんも、みんな真面目ないい人。でも、押しが弱い」

これもまた正しい。

真面目でおとなしい社風

本書を書くために現役も含めて同社の経営者にも会った。真面目な経営者に「スバルの社員の特徴は？」と聞いたら、似たようなことを言っていた。

「社員はみんな真面目なんです。でも、押しが弱いかな」

スバルが不祥事を起こした時、取材に来たマスコミに対しても、「真面目な」対応をしていた。そりゃ、言い分だってあるだろうに、そこをぐっと抑えて頭を下げた。確かに「押しが弱い」。

カルロス・ゴーンを追放した日産社長の記者会見とスバル幹部の記者会見を比べると、前者は反省よりも自社の主張を重要視していた。一方、スバルはただただ反省し、前非を悔いていた。

「確かに、真面目でおとなしい社風なんだな」

誰もがそう感じるだろう。

では、それでいいのかと言えば、まったくよくないのである。

押しが弱い人たちでは自動車の大変革時代に対処できるとは思えない。スバルの幹部にはもっと大言壮語してほしい。できなくてもいいから、でっかい夢を語ってほしい。

創業者、中島知久平は大言壮語で押しが強い男だった。あの時代、中島飛行機は文献研究と実験で、隼や彩雲を作ったのだから、今のスバルはもう一度、大きな夢に挑戦してほしい。EVや自動運転車ではなく空飛ぶ車を作ってほしい。だいたいスバルが空飛ぶ車を作らなくてどうするのか。他社にやらせていいのか。

ここはぐっと押して押して、車にもなりうる飛行機を二〇二〇年代前半に出してほしい。トヨタが出資を増やしたのだから、車の共同開発くらいではもったいない。トヨタの歴代経営者が持っている「バカになって突っ込んでいく」精神を取り込んでほしい。

かつて豊田喜一郎が「自動車を開発する」と宣言した時、周りはバカにした。

「木綿の織機を作っている田舎の社長がほらを吹いている」くらいの評価だった。

スバルの経営者にはほらを吹いてほしい。

「あいつらは夢ばかり見てる」

そう言われるくらいの挑戦をしなければ大変革の時代を乗り切っていくことはできない。

車にもなる飛行機を

さて、もう少し、空飛ぶ車の話をする。

CASEという言葉が盛んに持ち出されているけれど、フォルクスワーゲンもトヨタも巨大自動車会社はすでに電動化、自動運転、コネクティッド、シェアサービスにはとっくに答えを出している。

現在の課題はＣＡＳＥの次の技術、ぶつからない車、超小型車、そして、空飛ぶ車の三つを開発することだろう。

なかでもユーザーが実現してほしいと思っているのは空飛ぶ車だ。

世界の航空機需要は伸びつつあり、しかも、巨大空港が次々と誕生している。にもかかわらず、空港と都心の渋滞は一向に解決しない。普通の「車」での移動は限界に来ている。ＥＶだろうが、ＦＣＶだろうが、自動運転車だろうが、空港と都市、あるいは空港と空港の中距離移動の渋滞を解決することはできない。

いくつかの自動車会社は垂直に離着陸できるＶＴＯＬ機に走行機能を加えた「空飛ぶ車」の開発に入っている。

地上走行するＶＴＯＬモビリティを開発するとしたら、適任なのはスバルではないのか。スバルがやらなくてどこがやるのか。

一流の航空機メーカーでかつ一流の自動車会社がやらなくて、どうするのか。そんなことでいいのか。

数人乗りの自動運転ＶＴＯＬモビリティをできるだけ安価に作ってほしい。

そして、「ＦＵＧＡＫＵ富嶽」とネーミングしてほしい。

わたしの夢はそれに乗ることだ。

２０１９年12月
野地秩嘉

◉取材協力者(敬称略)

井出直行、上村仁、江尻義久、太田繁一、大抜哲雄、岡田貴浩、小笠原巧、小笠原成和、奥原一成、河合満、小島敦、近藤研、酒泉誠、佐瀬秀幸、関谷巌、高林由美子、辰巳英治、戸塚正一郎、中村知美、橋本圭介、蜂谷颯太、浜道弘典、林南八、平岡泰雄、宗像雄、森郁夫、矢野賢一、吉永泰之、若井洋、ダン・デューイ、トーマス・J・ドール、パット・ラブ、メリッサ・ミラー

◉参考文献

『ぼくの日本自動車史』徳大寺有恒（草思社文庫）
『文明崩壊』ジャレド・ダイアモンド（草思社）
『企業家活動でたどる日本の自動車産業史―日本自動車産業の先駆者に学ぶ』宇田川勝、四宮正親（白桃書房）
『自動車工場のすべて』青木幹晴（ダイヤモンド社）
『ヤナセ１００年の轍』ヤナセ編（ヤナセ）
『勁草の人 中山素平』高杉良（文春文庫）
『昭和 二万日の全記録　全19巻』原田勝正（講談社）
『俺の考え』本田宗一郎（新潮文庫）
『経営に終わりはない』藤沢武夫（文春文庫）
『大いなる夢、情熱の日々 トヨタ創業期写真集』トヨタ自動車編（トヨタ自動車）
『ビジュアルＮＩＰＰＯＮ 昭和の時代』伊藤正直、新田太郎編（小学館）
『全図解トヨタ生産工場のしくみ』青木幹晴（日本実業出版社）
『トヨタ生産方式―脱規模の経営をめざして』大野耐一（ダイヤモンド社）
『軽自動車誕生の記録―自動車昭和史物語』小磯勝直（交文社）
『自動車地球戦争 第三次自動車革命の核心と展開』吉田信美（玄同社）
『値段の明治大正昭和風俗史』週刊朝日編（朝日文庫）
『20世紀全記録 Chronik 1900-1986』講談社編（講談社）

『１９４０年体制　さらば戦時経済』野口悠紀雄（東洋経済新報社）
『プロジェクトX挑戦者たち〔５〕―コミック版 日本初のマイカーてんとう虫町をゆく』ＮＨＫ「プロジェクトX」制作班（宙出版）
『ＥＶと自動運転』鶴原吉郎（岩波新書）
『銀翼のアルチザン』長島芳明（角川書店）
『新装版 逆転の発想』糸川英夫（プレジデント社）
『スバルを支える職人たち』清水和男、柴田充（小学館）
『フォード 自動車王国を築いた一族』ロバート・レイシー（新潮文庫）
『一下級将校の見た帝国陸軍』山本七平（文春文庫）
『六連星はかがやく 富士重工業50年史１９５３－２００３』（富士重工業）
『富士重工業 技術人間史』（三樹書房）
『中島飛行機の終戦』西まさる（新葉館出版）
『人間 昭和天皇 上下』髙橋紘（講談社）

著者 野地秩嘉（のじ・つねよし）
1957年東京都生まれ。早稲田大学商学部卒業後、出版社勤務を経てノンフィクション作家に。人物ルポルタージュをはじめ、ビジネス、食や美術、海外文化などの分野で活躍中。『TOKYOオリンピック物語』でミズノスポーツライター賞優秀賞受賞。『キャンティ物語』『サービスの達人たち』『企画書は1行』『なぜ、人は「餃子の王将」の行列に並ぶのか?』『高倉健インタヴューズ』『高倉健ラストインタヴューズ』『トヨタ物語』『トヨタ現場の「オヤジ」たち』『世界に一軒だけのパン屋』など著書多数。

スバル

ヒコーキ野郎が作ったクルマ

2019年12月25日　第1刷発行
2024年 4 月29日　第3刷発行

著　者　野地秩嘉
発行者　鈴木勝彦
発行所　株式会社プレジデント社
〒102-8641　東京都千代田区平河町 2-16-1
平河町森タワー 13階
https://www.president.co.jp/
https://presidentstore.jp/
電話：編集（03）3237-3732
　　　販売（03）3237-3731
装　丁　竹内雄二
編　集　桂木栄一
制　作　関 結香
販　売　高橋 徹　川井田美景　森田 巌
末吉秀樹
印刷・製本　TOPPAN株式会社

ISBN978-4-8334-2351-9
Printed in Japan